ROMÉO BOUCHARD

Plaidoyer pour une agriculture paysanne

Pour la santé du monde

Textes d'appoint de Maxime Laplante, agronome

LES ÉDITIONS écosociété MONTRÉAL

Typographie : Johanne Dionne
Photo de la couverture : Maxime Laplante
Maquette de la couverture : Nicolas Calvé
Coordination de la production et révision : Françoise Forest

C.P. 32052, comptoir Saint-André
Montréal (Québec) H2L 4Y5

Dépôt légal : 4e trimestre 2002

ISBN 2-921561-82-4

Données de catalogage avant publication (Canada)

Bouchard, Roméo, 1927-

Plaidoyer pour une agriculture paysanne :
pour la santé du monde
Comprend des réf. bibliogr.
ISBN 2-921561-82-4

1. Agriculture durable – Québec (Province). 2. Industries agricoles – Québec (Province). 3. Agriculture – Technologie appropriée – Québec (Province). 4. Intensification agricole – Québec (Province). 5. Paysannerie – Québec (Province).

S451.5Q8B68 2002 338.1'6 C2002-941839-9

Nous remercions le Conseil des Arts du Canada de l'aide accordée à notre programme de publication. Nous reconnaissons l'aide financière du gouvernement du Canada par l'entremise du Programme d'aide au développement de l'industrie de l'édition (PADIE) pour nos activités d'édition.

Nous remercions le gouvernement du Québec de son soutien par l'entremise du Programme de crédits d'impôt pour l'édition de livres (gestion SODEC), et la SODEC pour son soutien financier.

Remerciements

Merci à Maxime Laplante, agronome, pour sa précieuse collaboration. Les encadrés insérés au fil du texte, dont il est l'auteur, apportent un éclairage fort pertinent sur les questions abordées dans ce livre et permettront aux lecteurs de mieux comprendre les tenants et aboutissants du régime agricole actuel.

Table des matières

En guise de présentation

Les plus belles années de ma vie sont celles que j'ai passées sur la ferme, en contact physique et intime avec la Nature, la Terre, la Vie, les animaux, l'espace et le temps, dans la certitude des liens familiaux.

Sur la ferme de mon enfance d'abord, dans le rang Nord de Normandin, au nord du lac Saint-Jean, sur une terre noire que nous avons défrichée, brûlée et cultivée avec mon père, ma mère et mes sept frères et sœurs plus jeunes, à l'aide de chevaux, où chaque « cran » et chaque « coulée », comme on dit au Lac, avait son histoire et sa fonction, où chaque membre de la famille, chaque voisin, chaque animal faisait partie d'un système de vie et de survie, sans auto ni tracteur, sans électricité, sans eau courante, sans radio ni télévision, sans argent. Jusqu'au jour où on a retrouvé mon père mort subitement dans l'étable, un soir après le souper.

Sur ma propre ferme ensuite, à Saint-Germain-de-Kamouraska, au bord du fleuve, où j'ai retrouvé mes racines et mon père, où je me suis refait un corps et un courage d'homme, où j'ai rétabli le lien avec la femme, nécessaire à la vie, et les enfants, nécessaires à la survie, où j'ai appris à cultiver la terre, à dépendre de mes animaux comme eux de moi, à m'en nourrir, à m'en vêtir, à occuper un territoire, à habiter un paysage, à appartenir à un pays, mon « Petit Pays » (c'était le nom de ma ferme).

Cette appartenance ne m'a d'ailleurs jamais quitté, dans toutes ces années d'exil où j'ai étudié, prêché, enseigné, écrit ; dans les séminaires, les églises, les universités, les collèges, les journaux, les syndicats. Je n'ai jamais consenti aux statuts, aux privilèges, aux rémunérations et aux droits que s'octroient trop souvent les instruits. Je n'ai jamais oublié les miens.

Aujourd'hui encore, je me retrouve avec vous, paysan et citoyen comme vous, à défendre nos terres, nos familles, nos villages, nos bêtes, nos fermes, notre fleuve, notre pays, notre plaisir de vivre libres, contre tous ceux qui veulent nous asservir, nous déposséder, nous vassaliser, nous moderniser, nous exporter, nous chasser, épuiser nos sols, raser nos forêts, polluer nos lacs et nos rivières, torturer nos animaux, vider nos villages, dévaster nos paysages, déshériter nos enfants, et nous rendre malheureux, pour une poignée de dollars et quelques cochons de plus.

Introduction

L'agriculture québécoise est mal partie

L'ignorance

Peu de gens aujourd'hui savent ce qu'ils mangent.

La plupart des consommateurs n'ont même pas idée de la façon dont sont produits et traités les légumes, les fruits, les animaux et les produits animaux qu'ils mangent.

Et pour cause.

Le secret

La campagne n'est plus ce grand livre ouvert de la nature où des « habitants » sympathiques vous montraient avec fierté leurs animaux aux champs ou à l'étable, et où des « fermières » joviales entourées d'enfants s'empressaient de sortir de la cave leurs conserves et leurs pâtés.

Les animaux d'aujourd'hui ne vont même plus aux champs pour la plupart et sont élevés entassés dans de véritables bunkers qui fonctionnent comme des usines automatisées et où ne pénètre pas qui veut, par crainte des maladies et pour ne pas effrayer les cœurs tendres. Ils ne se reproduisent plus par accouplement mais grâce à des techniques génétiques infiniment plus efficaces et productives et qui relèvent parfois de la science-fiction. Ils sont abattus, par milliers à la journée, dans des abattoirs à la chaîne où personne ne peut entrer, même pas les caméras, pour éviter de choquer les « petites natures ». Les laboratoires agroalimentaires où les multinationales de l'alimentation élaborent, ou font élaborer par des universitaires à leur solde, les plantes et les animaux transgéniques de demain ou les menus biochimiques destinés à ces animaux, sont couverts par le secret commercial. La course aux brevets leur permet de s'assurer le contrôle du vivant et les profits énormes qu'on espère en tirer.

Les champs de culture maraîchère et de culture céréalière sont aussi devenus des usines biochimiques en plein air où on manipule semences trafiquées et produits chimiques dangereux, selon des agendas précis et des protocoles savants.

Sauf dans certains coins mieux protégés, la campagne actuelle ressemble davantage à un parc industriel qu'à cet espace bucolique où l'air et l'eau étaient purs, où l'homme et les animaux vivaient en relation intime avec la nature, où la vie de village et de famille créait des liens d'entraide et de solidarité. Les vieilles granges tombent en ruine un peu partout dans les rangs désertés — quand elles n'ont pas carrément disparu ou été brûlées (comme la mienne, pour nettoyer la place) —, et sont remplacées ici et là par des fermes-usines avec silos et entrepôts, ou des mégaporcheries avec leurs incontournables citernes à purin et leurs interminables champs de maïs.

L'horreur

Peu de gens savent...

Que le producteur laitier ne boit même plus son lait dans bien des cas, qu'il n'a pas le droit d'en vendre à son voisin et qu'il n'a pas le droit d'avoir de poules dans son étable;

Que les animaux dont ils mangent la viande n'ont jamais vu la lumière du jour ni mangé un brin d'herbe dehors;

Que les poulets qu'ils mangent en BBQ sont tellement jeunes et tellement trafiqués pour engraisser rapidement que leurs pattes se déforment et ne peuvent les supporter;

Que les veaux de lait sont gardés muselés et en cage parce qu'on veut s'assurer qu'ils ne mangent rien de solide et que leur viande reste rose, par manque de fer, même si cela les rend si anémiques qu'ils ont peine à se tenir debout sans vitamines jusqu'à l'abattoir;

Qu'on utilise des hormones et des antibiotiques pour stimuler la croissance des animaux sans avoir la garantie qu'ils ne provoquent pas une résistance aux antibiotiques ou des cancers du système reproductif chez les femmes;

Qu'on utilise encore dans l'alimentation de plusieurs animaux, notamment les poulets et les porcs, des farines carnées, c'est-à-dire des farines provenant des entrailles, cadavres et gras d'animaux de toutes sortes comme protéines à bon marché;

Qu'on nourrit les bovins à l'engraissement, et d'autres animaux, y compris les poulets eux-mêmes, au fumier de poulet mélangé à des céréales, un cocktail explosif de salmonelle et autres bactéries infectantes;

Que les céréales et légumineuses servies aux animaux, notamment le maïs et le soja, sont généralement des organismes génétiquement modifiés (OGM) dont les toxines viennent s'ajouter aux pesticides dans les sols et les rivières, comme on a pu l'observer récemment dans la rivière Richelieu;

Que le nombre d'applications d'engrais chimiques et de pesticides de toutes sortes qu'ont reçues les céréales, les légumes et les fruits parfaits mais insipides que nous achetons dépasse souvent 30 par saison;

Que ces pesticides sont soupçonnés par plusieurs d'être la cause de nombreux cancers, de troubles d'immunité, d'allergies et de l'infertilité qui atteint 50 % des hommes dans plusieurs régions d'Amérique;

Que les engrais chimiques et les fumiers liquides utilisés comme fertilisants nourrissent les plantes au lieu de nourrir le sol, de sorte que les terres sont de plus en plus dévitalisées et stériles;

Que l'utilisation massive d'engrais chimiques et de fumiers liquides (lisiers et purins) entraîne l'écoulement de nitrates qui rendent l'eau cancérigène, et de phosphates qui provoquent la mort des cours d'eau et des lacs (eutrophisation);

Que le choix qu'on a fait de doubler d'ici 2005 la production de porcs, dont plus de la moitié ira à l'exportation, provoque des surplus de lisiers nauséabonds dans près de 500 municipalités au Québec, avec comme conséquences la contamination de l'eau potable, des dangers pour la santé, la détérioration des sols, le déboisement abusif, l'invasion des monocultures de maïs et le dépeuplement des campagnes;

Que les producteurs, de plus en plus gros et de moins en moins nombreux, se prévalent d'un « droit de produire » accordé par la Loi sur la protection du territoire et des activités agricoles (loi 23) pour exercer une sorte de monopole « légal » sur toute la zone verte qu'ils considèrent comme leur parc industriel agricole;

Que beaucoup d'exploitants de méga-élevages élèvent séparément des animaux pour leur consommation parce qu'ils ne se fient pas à l'alimentation industrielle qu'ils donnent à leur bétail;

Que ce type d'agriculture intensive, hautement industrialisée, contribue à accélérer le dépeuplement et la désertification des campagnes.

Le complot

Et nous pourrions compléter ce sombre tableau en exposant les jeux de pouvoir et d'argent ainsi que les enjeux environnementaux apocalyptiques qui se cachent dans notre assiette. Car tous ces producteurs, nous dit-on, doivent produire plus, et à moindre coût, pour éviter de se voir engloutir par les produits des autres pays plus favorisés par le climat ou qui tirent profit de conditions sociales inférieures.

On n'a pas le choix, nous rabâche-t-on:

À cause de la mondialisation;

À cause des exigences des consommateurs ;

À cause de la nécessité de nourrir la planète ;

Même si on détruit les sols ;

Même si on contamine l'eau potable et l'eau tout court ;

Même si on déstructure les agricultures locales ;

Même si on fait disparaître les fermes familiales et vide les villages ;

Même si on atteint la santé des gens jusque dans leur système immunitaire et leur faculté de se reproduire ;

Même si on compromet la diversité biologique et la sécurité alimentaire ;

Même s'il faut détruire les campagnes ;

Même si on concentre le contrôle du vivant, de l'agriculture et de l'alimentation dans les mains de quelques multinationales ;

Même si on doit dénaturer la nature pour la plier aux exigences de cette marchandisation de tout ;

Même s'il faut écraser tous les citoyens qui protestent et défendent leur « pays » ;

Même s'il faut y engloutir l'argent public.

L'alarme

« Le monde n'est pas une marchandise », s'écrie José Bové, qui a parcouru le chemin qui va de son fromage Roquefort, sur ses terres du Larzac, au bœuf aux hormones de l'Amérique, aux champs de maïs transgéniques de Monsanto et aux paysans sans terre du Brésil et de l'Inde.

Jacques Proulx, de Solidarité rurale, va jusqu'à dire que la mainmise des multinationales sur l'agriculture aura des conséquences plus graves que la volonté de conquête qui a présidé à la Deuxième Guerre mondiale.

Yves Gagnon, pionnier en horticulture biologique au Québec, voit dans les OGM la plus grande menace qui ait existé contre l'agriculture biologique et la nature en général.

Les sonnettes d'alarme commencent en effet à retentir, évoquant presque les trompettes de l'Apocalypse. Les conséquences perverses de cette course effrénée au productivisme agricole se multiplient :

- La maladie de la vache folle, dont on ignore encore l'ampleur des ravages compte tenu de la résistance des prions, provoquée par l'utilisation de farines carnées mal chauffées (question d'en sauver les protéines), qui met en lumière les dangers du cannibalisme dans les élevages ;
- L'épidémie de fièvre aphteuse en Angleterre, qui montre la fragilité d'une agriculture basée sur la concentration, l'exportation et la circulation sans limite des produits alimentaires plutôt que sur la souveraineté et la diversité alimentaire, et à quel massacre inutile peut conduire la volonté de protéger les marchés extérieurs des grands producteurs intégrateurs qui contrôlent de plus en plus les différentes étapes de la production agricole ;
- L'eau potable contaminée par les nitrates en Allemagne, aux Pays-Bas, en Bretagne, par les engrais et les pesticides agricoles, principalement le lisier de porc ;

- Les empoisonnements dus à la dioxine utilisée dans la production des moulées destinées à l'alimentation des poulets en Belgique ;
- L'eau qui tue à Walkerton ;
- Les grenouilles difformes ;
- Les alligators mâles qui se féminisent dans les baies de la Floride ;
- Les fillettes qui atteignent la puberté dès l'âge de 7 ans dans les pays de grande production fruitière où sont utilisés des pesticides interdits dans les pays riches ;
- Les allergies et l'asthme qui touchent plus de la moitié des jeunes enfants dans certaines régions du Québec ;
- La résistance croissante aux antibiotiques, en raison de leur utilisation dans l'alimentation animale et la transgenèse ;
- Les études européennes qui établissent un lien entre les hormones de croissance et les cancers du système reproductif chez la femme ;
- L'utilisation pendant des années du Carbadox, un antibiotique qu'on vient d'interdire en raison de ses effets cancérigènes potentiels ;
- Le pollen des plantes transgéniques brevetées qui contamine rapidement les espèces naturelles, lesquelles se voient ainsi confisquées par les compagnies détentrices de brevets.

La contre-offensive

Même s'il est déjà minuit moins cinq et si des seuils de non-retour sont peut-être atteints dans bien des domaines et dans plusieurs régions, il faut sonner le réveil et engager la contre-offensive, chez nous, localement, mais en lien avec toute la planète.

Cette contre-offensive ne peut venir que des citoyens, qu'on a tenté de réduire au rôle de consommateurs à qui on peut passer n'importe quoi avec une bonne propagande. Car les décisions concernant notre alimentation et notre agriculture, il y a déjà un bon moment qu'elles nous échappent totalement. Et malgré ce qu'on tente de nous faire croire, les consommateurs n'ont jamais été consultés pour savoir s'ils voulaient des OGM, des hormones de croissance, des farines carnées ou du fumier de poulet dans leurs aliments. Ils se contentent de prendre ce qu'il y a sur les tablettes, en choisissant bien sûr selon leur bourse. On ne leur a pas davantage demandé leur avis pour orienter des millions de dollars de nos impôts vers la production industrielle au détriment de ceux qui veulent produire des aliments naturels et qui sont condamnés à vivoter et à vendre leurs produits trop cher.

Ces choix de société qui touchent la santé et le plaisir de vivre de chacun nous échappent complètement. Ils échappent même à nos élus locaux et parlementaires, qui sont généralement tenus à l'écart des négociations conduisant à des traités de libre-échange comme l'Accord de libre-échange nord-américain (ALENA), aussi bien que de Sommets comme celui des décideurs en agroalimentaire qui s'est tenu à Saint-Hyacinthe en 1998 et qui s'est fixé pour objectif de stimuler le productivisme agricole par des investissements de 7 milliards de dollars et de doubler les exportations agroalimentaires d'ici 2005, tout en préservant l'environnement (*sic*).

Les décideurs, ce sont les grandes compagnies d'intrants agricoles (semences, engrais, équipement, pesticides), les grandes chaînes de transformation et de distribution alimentaire, l'Union des producteurs agricoles (UPA) avec ses grandes fédérations et coopératives, les gérants d'institutions gouvernementales responsables du financement et du soutien de l'agriculture et, enfin, une poignée de ministres haut placés pour officier.

C'est la nouvelle démocratie, sans le peuple.

Nous ne pouvons laisser ce club de plus en plus restreint de producteurs et de marchands décider, en fonction de leurs intérêts privés et corporatifs, ce que nous allons manger, ce que nous allons faire de nos terres et de nos campagnes. Comme citoyens, il nous appartient au moins de décider à quel type d'agriculture et d'alimentation ira l'argent de nos impôts. Et comme la démocratie locale et parlementaire ne fonctionne plus vraiment dans ce gouvernement de multinationales, comme on cherche par tous les moyens à nous réduire au rôle de consommateurs, il nous faut réinventer la démocratie à partir de la société civile, basée sur le droit de décision du citoyen.

L'offensive contre la malbouffe, pour une agriculture paysanne, une alimentation saine et des campagnes vivantes, il faut la mener en lien avec tous les mouvement paysans citoyens du monde, aussi bien d'Europe que du tiers-monde. Il faut dépasser le corporatisme qui anime la mondialisation marchande actuelle et nous solidariser comme citoyens responsables des choix de notre société dans le secteur agroalimentaire comme dans les autres. Il faut créer une force collective capable de bâtir l'alternative, en recréant une agriculture et une économie locales, avant que les grandes filières économiques mondialisantes aient entièrement asservi notre agriculture et l'aménagement de nos territoires à leurs objectifs et à leur modèle spéculatif.

On est en train de détruire l'agriculture et, du même coup, la qualité de l'alimentation, la campagne et la vie rurale. Au nom de la compétition sur les marchés mondiaux, du libre-échange et de la productivité à tout prix, on encourage la mainmise des industriels et des multinationales sur la production agricole, et la disparition des fermes familiales et des petites productions alimentaires locales. Les villages se vident et les régions rurales se désertifient. L'agriculture dont nous avons besoin n'est pas celle des multinationales et des fermes-usines mais celles de cultivateurs et de paysans soucieux de leur terre, de leurs animaux et de leur communauté. Si nous voulons repeupler et redynamiser nos villages et pouvoir offrir au monde autre chose qu'une nourriture standardisée et dangereuse pour la santé, ce ne sont pas les usines à cochons et les déserts de maïs qu'il faut multiplier, mais les petites fromageries, les petites salles d'abattage, les petites conserveries, les petits éleveurs et les petits jardiniers, qui transforment et vendent à la ferme des produits personnalisés et de qualité.

L'agriculture de l'avenir

Et qu'on ne vienne pas nous dire qu'il s'agit là d'une vision nostalgique. Il ne s'agit nullement d'un retour en arrière mais d'un retour à l'agriculture véritable, celle qui nourrit le monde et entretient les campagnes. Changer de direction quand on réalise qu'on s'est trompé et que la route ne mène nulle part, ce n'est pas revenir en arrière. Il ne faut pas confondre modernité et industrialisation. On peut être moderne sans être gros, sans transformer la ferme en usine agricole. On peut favoriser l'agriculture sans transformer la zone verte en parc industriel.

Il s'agit en fait de réinventer l'agriculture d'aujourd'hui et de demain. Les milliers de petits producteurs laissés-pour-compte et traqués par les agences et monopoles actuels sont des innovateurs et des créateurs de la bonne bouffe de demain. Les milliers de fermes familiales qui vont disparaître au cours des prochaines années faute de moyens pour acheter des quotas de production inaccessibles, ou faute de relève capable de racheter ces quotas, sont la base même de la vie rurale. Ils ont une compréhension remarquable du travail qu'ils font et des processus naturels qu'ils utilisent, qui va bien au-delà du mode d'emploi des compagnies dont se contentent le plus souvent les agriculteurs industriels. Ils ont de plus une « culture » de la nature et de l'alimentation, ce qui n'est pas non plus chose courante en production conventionnelle, où la comptabilité tient lieu de culture bien souvent.

L'agriculture ne peut être une industrie comme les autres. Elle répond à un besoin fondamental : nourrir les gens et entretenir les campagnes. C'est pourquoi on la subventionne largement. C'est pourquoi aussi on ne peut la laisser obéir aux seules lois du marché et de la rentabilité. L'agriculture ne peut être assujettie à la conquête des marchés mondiaux et devenir une simple monnaie d'échange dans les négociations de libre-échange. Son rôle essentiel n'est pas l'exportation mais la souveraineté et la sécurité alimentaire de son territoire naturel. Par définition, l'agriculture est locale, alimentaire, sociale: elle n'est pas un *business*. Lorsqu'elle devient agrobusiness, c'est au détriment des populations locales, dont elle exproprie le territoire, et au détriment des populations étrangères, dont elle détruit l'agriculture et l'autonomie locales par le dumping.

L'agriculture doit redevenir paysanne, en ce sens qu'elle doit nourrir la population et dynamiser le territoire où elle s'exerce, plutôt que de le dévaster par ses fermes-usines et ses monocultures. Elle doit, par ses produits et ses activités diversifiées, accessibles localement, créer une culture alimentaire locale, aménager le territoire, entretenir le paysage et l'environnement, animer et humaniser le milieu.

On tente de nous faire croire que l'agriculture québécoise est moins industrielle qu'ailleurs, et échappe même aux effets pervers de l'industrialisation, que les mégaporcheries sont des fermes familiales, que les grandes entreprises laitières de plusieurs millions ne sont pas foncièrement différentes des fermes d'autrefois. Inutile de chercher à déguiser le loup en grand-mère. Nous pensons que l'agriculture québécoise est résolument engagée dans le modèle industriel.

« Les fermes au Québec ne sont pas des fermes industrielles mais des fermes familiales : 84 % d'entre elles ont un chiffre d'affaires inférieur à 250 000 $... »

Ou l'histoire de la grenouille qui voulait devenir aussi grosse que le bœuf

Nous pouvons débattre longtemps la définition d'une mégaferme. Mais une réalité saute aux yeux : la taille des fermes augmente sans cesse, avec son lot de conséquences perverses, dont la diminution du nombre de fermes et du nombre d'habitants des municipalités rurales. Les gens s'en vont en ville. D'un côté, il y a pénurie de logement et de l'autre, on rase des maisons.

Et les fermes restantes, de plus en plus grandes, sont aussi de plus en plus chères, devenant inabordables pour la relève. D'ici peu, et le processus est déjà largement enclenché dans la production de porcs, de veaux de lait et de volaille, les seuls qui auront les moyens d'acquérir les fermes seront les intégrateurs et les grandes compagnies du secteur alimentaire.

Ce tableau de l'évolution de la taille moyenne des fermes au Québec entre 1956 et 2002 est éloquent :

Taille moyenne des fermes au Québec de 1956 à 2002

1956	53 ha
1961	60 ha
1986	88 ha
1991	98 ha
2002	109 ha

Nous pouvons continuer à nous cacher la tête dans le sable en nous disant qu'aux États-Unis les fermes sont encore plus grandes. La Russie a aussi des fermes de 6000 hectares à profusion, avec le succès qu'on leur connaît. Faut-il attendre d'en être réduits à organiser des émeutes de paysans sans terre avant de réagir à l'expansion effrénée des fermes ?

Chapitre premier

L'agrobusiness

Naissance de l'agrobusiness

L'agriculture au Québec a subi une première vague d'industrialisation au cours des années 1940 et 1950, le nombre d'exploitants de fermes à temps complet étant alors passé de 133 000 en 1941 (150 000 fermes) à 109 000 en 1951 (140 000 fermes). Et l'exode de la campagne vers la ville a suivi le même rythme.

Déjà, en 1926, pour freiner ce mouvement d'industrialisation, l'Église avait réussi à prendre le contrôle de l'Union des cultivateurs catholiques (UCC), qui allait devenir l'Union des producteurs agricoles (UPA) en 1972, en évinçant de l'organisation les agriculteurs progressistes des Fermiers unis du Québec, rattachés aux Fermiers unis de l'Ontario et de l'Ouest canadien et soutenus par le *Bulletin des agriculteurs* dont les rédacteurs, Noé Ponton et Firmin Létourneau, avaient étudié à Oka et à Guelph.

En 1951, cependant, devant le retard qu'accuse l'agriculture québécoise par rapport à celle de l'Ontario, une commission d'enquête est créée, la Commission Héon. Il y a alors 140 000 fermes au Québec. Le verdict de la Commission est sans équivoque : il y en a 100 000 de trop ; 40 000 fermes bien équipées et bien gérées seront plus en mesure de relever les nouveaux défis que 140 000 petites fermes aux méthodes dépassées qui pénalisent, par leur faible rendement et l'absence de contrôle de qualité, ceux qui ont accepté d'investir. La Commission n'hésite pas à proposer de faire disparaître 100 000 fermes. Comment ? En exigeant des standards de qualité et de sécurité sanitaire plus élevés pour décourager les petits fermiers qui s'en tiennent aux pratiques traditionnelles, et en soutenant la modernisation par de généreux programmes : semences certifiées, troupeaux de race, insémination artificielle, refroidisseurs à lait, fosses à fumier, spécialisation des productions, maïs-fourrage, etc.

La méthode a porté fruit, et continue d'ailleurs d'être appliquée presque à la lettre. Il nous reste à peine plus de 30 000 fermes au Québec en 2002. Et il se trouve sûrement des petits Héon dans les bureaux un peu partout qui estiment qu'il y en a encore 20 000 de trop et qu'avec 10 000 méga-exploitations à la pointe du progrès, on tirerait encore mieux notre épingle du jeu dans cet univers de libre-échange.

En fait, c'est au début des années 1990, avec la globalisation de l'économie et l'introduction des produits agricoles dans les négociations du GATT (Accord général sur les tarifs douaniers et le commerce) et de l'ALENA, que l'UPA, de pair avec les gouvernements et les grandes entreprises agroalimentaires, s'engage résolument dans une orientation productiviste et un modèle industriel et marchand, pourtant vigoureusement dénoncé lors des États généraux du monde rural tenus en 1991. Dans les années qui suivent, tandis que Jacques Proulx, ex-président de l'UPA et président de Solidarité rurale, se porte à la défense du monde rural menacé par le productivisme dominant, l'UPA et le ministère de l'Agriculture se lancent à la conquête des marchés mondiaux.

L'industrie porcine devient alors le fer de lance de ce modèle agricole industriel basé sur la méga-entreprise spécialisée, l'exportation et l'intégration des exploitations familiales dans des entreprises industrielles qui contrôlent tous les chaînons de la production et les techniques susceptibles d'en réduire les coûts. Elle connaît une expansion rapide: la production passe de 5 millions de têtes au début des années 1990 à plus de 7 millions en 2000 et 9 millions en 2002. Ce développement des mégaporcheries sur fumier liquide (ou lisier) est ressentie par les citoyens ruraux comme une véritable invasion qui bouleverse l'équilibre traditionnel des campagnes et de la cohabitation rurale.

La croissance de l'industrie porcine est d'ailleurs favorisée par une série de politiques agricoles votées sous la pression des producteurs de porcs: la Loi sur la protection du territoire et des activités agricoles (loi 23) en 1996, qui confère un droit de produire, prioritaire en principe mais exclusif en pratique, aux producteurs agricoles en zone verte; un Règlement sur la réduction de la pollution d'origine agricole négocié à la baisse et visiblement complaisant au chapitre de l'environnement et de l'aménagement du territoire; une restriction sévère des pouvoirs d'aménagement et de réglementation des municipalités concernant les activités agricoles; un régime d'assurance-stabilisation et d'assurance-récolte favorable aux intégrateurs, qui contrôlent toutes les étapes de la production, à savoir la génétique, la naissance, l'engraissement, l'abattage, les moulées, les médicaments et la transformation.

Le Sommet des décideurs en agroalimentaire réuni à Saint-Hyacinthe en 1997 et 1998 vient donner à l'agrobusiness québécois sa charte officielle. Désormais, l'agriculture est considérée comme une industrie majeure et doit devenir le fer de lance assurant notre positionnement sur les marchés mondiaux. On ne parle plus de qualité de l'alimentation, d'autosuffisance alimentaire ni de vitalité du monde rural. On se fixe comme objectif de doubler les exportations agricoles d'ici l'an 2005, et plutôt que de viser l'exportation de produits diversifiés et transformés, ce qui serait un moindre mal, on mise essentiellement sur l'exportation de porcs bruts. Le Québec produit actuellement 9 millions de porcs, dont plus de la moitié pour l'exportation. Cette proportion pourrait s'élever bientôt à près de 70 % si on en croit les rapports du Forum de mi-parcours tenu à l'automne 2001, qui signalait qu'on était en avance en ce qui a trait aux objectifs d'exportation (mais non pas au chapitre des objectifs d'investissement, de création d'emplois et d'assainissement agroenvironnemental).

Les conséquences dramatiques d'une telle surproduction de porcs se font déjà lourdement sentir sur la qualité de l'eau, l'environnement, les cultures, les sols, les boisés, les paysages, la structure des entreprises, la cohabitation rurale et la démocratie locale. On n'ose pas imaginer ce qu'elles seront quand on dépassera les 10 millions de porcs !

Plusieurs coalitions de citoyens se sont levées un peu partout pour protester contre la menace que fait peser cette industrialisation massive de l'agriculture québécoise : Sauver les campagnes, Respires, Stopp, Coup d'cochon, L'Autre monde rural ; en Gaspésie, au Lac-Saint-Jean, dans le Haut-Saint-Laurent, dans les régions de Rimouski, Kamouraska, Nicolet, Saint-Hyacinthe, Lévis-Pintendre, etc. Plutôt que de les entendre, le gouvernement Landry a préféré céder aux pressions de l'UPA en votant sous le bâillon, en juin 2001, la loi 184, décriée de toutes parts, qui empêche systématiquement les élus locaux de poser des contraintes réglementaires au développement agricole industriel, un peu comme l'article 11 de l'ALENA empêche les États nationaux de poser des contraintes aux investissements étrangers. L'UPA, de son côté, n'hésite pas à utiliser son Fonds de défense pour écraser les citoyens et leurs élus municipaux devant les tribunaux.

En juin 2002, devant la pression croissante des citoyens, soutenus cette fois par l'Union paysanne nouvellement fondée, le gouvernement négocie avec l'UPA et les unions municipales un ensemble de mesures visant à permettre une accalmie, sans doute en prévision de la période électorale. L'essentiel de ces mesures consiste en ce qui suit :

- Un temps d'arrêt partiel de 18 mois (2 ans dans les 281 municipalités en surplus de fumier) pour tout nouveau projet de production porcine, à l'exception de ceux qui ont déjà obtenu leur autorisation et de ceux qui sont en mesure de traiter leur lisier ;
- Des consultations du Bureau d'audiences publiques sur l'environnement (BAPE) sur le développement durable dans l'industrie porcine ;
- Des moyens supplémentaires de contrôle pour le ministère de l'Environnement (100 nouveaux inspecteurs, accès aux dossiers de la Financière agricole sur les animaux assurés) ;
- Un règlement révisé sur les exploitations agricoles qui ne comporte aucun contrôle objectif de la pollution agricole et donc de la croissance du cheptel (densité animale à l'hectare, charge du territoire en azote-phosphore, analyse de l'eau des bassins versants, gestion solide des fumiers) et n'offre comme seul outil de contrôle que des plans de fertilisation basés sur le bilan de phosphore, ferme par ferme et ne tenant donc pas compte du milieu global ; ces calculs, analyses et évaluations peu fiables se font sous la supervision d'agronomes payés par le producteur. D'autre part, les distances de protection des cours d'eau demeurent dérisoires.

En ouvrant toute grande la porte à l'arbitraire des promoteurs et de leurs agronomes et au traitement subventionné des lisiers, on cherche visiblement à laisser la voie libre à une croissance indéfinie du cheptel et à une invasion progressive des régions où il y a des terres disponibles pour l'épandage du lisier. D'ailleurs, la course aux terres fertilisables fait déjà rage et contribue à la hausse du prix des terres et à une compétition déloyale qui pénalise les autres producteurs. Si on finit par mettre au point des technologies de traitement de lisier, l'industrie n'ayant plus besoin de terres d'épandage et n'étant plus susceptible de polluer l'eau et l'air, on risque de voir apparaître ici et là des mégacomplexes porcins autour d'usines de traitement, qui aggraveront le dépeuplement et la dégradation de régions entières : détérioration des routes par le transport intensif, prolétarisation des agriculteurs, disparition des fermes familiales, gaspillage d'énergie et de fonds publics. Sans oublier la souffrance des milliers d'animaux entassés dans ces parcs industriels malodorants.

Le modèle industriel d'agriculture

Qu'est-ce qui caractérise ce modèle industriel d'agriculture ?

Alors que la ferme familiale traditionnelle était d'abord un mode de vie et de subsistance, que la famille qui l'entretenait tirait sa subsistance d'une terre (habituellement un lot de 100 arpents, équivalant à 40 hectares environ) qui fournissait des produits diversifiés pour consommer et pour vendre, que dans ce contexte le rapport à la terre et au territoire était vital, la ferme industrielle moderne, elle, est une entreprise commerciale. Elle n'a plus aucune fonction d'autosuffisance : les producteurs laitiers achètent leurs produits laitiers à l'épicerie pour la plupart. Elle se spécialise dans une production selon des règles strictes. Elle obéit à la logique de la rentabilité marchande et non à celle de l'appartenance familiale ou terrienne, ni à celle de la Nature. Les méga-élevages intensifs de poulets, de porcs, de bovins, de veaux sont la plupart du temps des élevages dits « sans sol » ou « hors sol », en ce sens qu'ils ne sont pas reliés aux terres du propriétaire. L'alimentation du bétail provient des grandes meuneries. La main-d'œuvre est à salaire ou à forfait (l'éleveur travaillant à contrat pour un intégrateur). Le propriétaire des animaux est généralement un intégrateur qui habite ailleurs et n'a pas de contact avec eux. Il fournit les animaux, l'abattoir et tous les intrants : plans et matériaux de construction, alimentation, médicaments, services conseils et souvent le financement. Les volumes considérables de fumiers, rendus liquides et nauséabonds par l'ajout de 90 % d'eau pour permettre l'entretien automatisé et l'autonomie de l'élevage, sont vendus à des fermiers contractuels. La terre augmente de valeur comme espace d'épandage plutôt que comme espace de culture. Comme les animaux sont en captivité et qu'on a de moins en moins besoin de pâturages et de fourrages, on élimine les rotations de culture, nécessaires à la régénération des sols, en faveur de monocultures de céréales — du maïs de préférence parce qu'il peut absorber plus du double de lisier et qu'il est subventionné —, lesquelles exigent de plus en plus d'engrais et de pesticides, dégradent rapidement les sols et désertifient les campagnes, comme en témoignent les paysages désolants des régions de la Montérégie et de Saint-Hyacinthe. Ces méga-élevages intensifs font de plus en plus reculer les fermes laitières familiales traditionnelles, en attendant les mégavacheries industrielles qui sont à nos portes.

Le système d'intégration est aussi à l'œuvre dans les productions maraîchères et fruitières. Les fermiers élèvent ou cultivent de plus en plus à salaire ou à forfait pour des intégrateurs, qui sont soit des hommes d'affaires à succès (souvent des étrangers avec couverture locale), soit des coopératives agricoles ou des multinationales. Ces gens s'accaparent subtilement les terres. Ils font des profits à tous les niveaux, car, en plus de posséder le produit et d'encaisser les assurances et subventions gouvernementales, ils fournissent les intrants et contrôlent les entreprises de transformation (abattoirs, conserveries, etc.).

Que reste-t-il du paysan d'autrefois, indépendant et lié, lui et sa famille, à sa terre et à ses animaux ? Il se fait de plus en plus rare, surtout dans les régions centrales du Québec. Et ceux qui persistent sont menacés de disparition. Leurs entreprises sont étiquetées « non viables » par les responsables des programmes agricoles. Trop petits. Trop artisanaux. Trop marginaux. Pas assez compétitifs. Grossir ou abandonner. N'autoriser et ne subventionner que les entreprises rentables, c'est-à-dire industrielles. Il n'est plus permis de vouloir demeurer un simple fermier, de vivre décemment avec 25 vaches ou une ferme diversifiée, de faire profiter sa famille et ses proches des produits de sa ferme, d'entretenir une ferme à temps partiel, de consommer ses produits, de les transformer et de les vendre à la ferme, de s'acheter une fermette et d'y bâtir une résidence.

Il faut préserver l'homogénéité du parc industriel agricole !

Paradoxalement, les outils que l'UPA a mis au point dans le passé pour protéger le revenu des agriculteurs se retournent contre les petits producteurs qu'elle tient en otage. Prenons par exemple le contrôle de la mise en marché des produits dans chaque production par des plans conjoints obligatoires et des quotas de production pour contingenter l'offre et garantir les prix : la spéculation sur le prix des quotas a fait en sorte que seuls les gros peuvent encore en acheter. Il en coûte plus de 30 000 $ pour avoir le permis de vendre le lait d'une bonne vache laitière. Sans quota, vous n'avez pas le droit de produire du lait pour le vendre. Autre exemple : les assurances-récolte et les assurances-stabilisation. Comme les prestations ne sont pas plafonnées ou modulées en fonction de la taille ou du revenu de la ferme mais du volume de production, ce sont les intégrateurs qui encaissent. Les engraisseurs sous intégration doivent se contenter d'un mince montant forfaitaire par bête engraissée, bon an mal an, assumer le coût des bâtiments et les pertes dues aux maladies, en plus de disposer du lisier, ce qui n'est pas un mince problème. Autre paradoxe : pour avoir accès au statut de producteur, et donc aux programmes gouvernementaux, il faut vendre pour au moins 5000 $. Et tous ceux qui atteignent ou dépassent ce plancher doivent cotiser au syndicat agricole unique et obligatoire : en 1972, en effet, avec l'adoption de la Loi sur les producteurs agricoles, l'UPA était déclarée seule association accréditée. Tout producteur accrédité doit obligatoirement payer une cotisation à l'UPA, qu'il en devienne officiellement membre ou pas. C'est un monopole pur et simple. L'union fait la force, dira-t-on. Sans doute ! Mais quand leur syndicat a de plus en plus partie liée avec l'agriculture industrielle dominante, comment les producteurs bio, marginaux, paysans ou autres peuvent-ils y être adéquatement représentés ? Et les intervenants ruraux ? Et les consommateurs ? N'ont-ils pas leur mot à dire sur l'agriculture dont nous avons besoin ? Pouvons-nous laisser un club d'industriels agricoles décider seuls ce que nous allons manger et ce que deviendront les campagnes ?

La concentration des fermes qui résulte de ce modèle fait en sorte que celles-ci ne sont plus transmissibles et qu'une relève paysanne ou familiale est impossible. Les fermes aboutissent tôt ou tard entre les mains de compagnies et d'intégrateurs. Il n'y a plus de place, dans ce nouveau modèle, pour l'agriculture véritable, l'agriculture alimentaire, l'agriculture mode de vie, l'agriculture locale, l'agriculture paysanne, en rapport avec la nature et le milieu rural. Il n'y a plus de place pour l'agriculteur, pour le paysan. C'est l'ère de l'agrobusiness.

Les conséquences d'une telle révolution sur la vie de chacun de nous et l'avenir des campagnes en général sont telles que nous ne pouvons pas plier l'échine en nous disant qu'il s'agit là d'une évolution inéluctable. Comme l'ensemble de la marchandisation de la société qui caractérise la mondialisation actuelle, cet asservissement de l'agriculture à l'argent et au marché met en péril des éléments fondamentaux de notre vie et de notre société et exige un virage aussi indispensable qu'urgent.

Les impacts

L'agriculture industrielle a introduit un modèle d'entreprise agricole qui utilise un ensemble de produits et de procédés dont les effets désastreux se font de plus en plus sentir sur la qualité des aliments, l'eau, l'environnement et le milieu rural en général.

Les engrais chimiques

L'utilisation des engrais chimiques a marqué le début de l'agriculture artificielle et de la rupture de l'équilibre autrefois nécessaire entre, d'une part, les cultures qui nourrissaient le bétail et, d'autre part, les fumiers de ce même bétail qui fournissaient à leur tour à la terre les engrais compostés avec les litières de paille, le tout à l'intérieur d'une rotation des cultures — céréales, foin, pâturage — qui permettait aux sols de se régénérer.

Désormais, grâce à ces « engrais magiques », on pourra cultiver sans avoir de bétail pour fournir les engrais, on pourra spécialiser les fermes, instaurer des monocultures. Sauf que ces engrais chimiques ont des effets secondaires. D'abord, ils ne sont pas des engrais complets ni naturels : ils contiennent de l'azote, du phosphore et du potassium synthétiques, soit les trois éléments majeurs du sol nécessaires à la croissance des plantes, mais non pas les 40 oligo-éléments tout aussi indispensables à l'équilibre de la vie et qu'on retrouve dans les fumiers naturels. D'où une dégradation progressive des sols et des aliments récoltés.

Surtout, ils ne contiennent pas de matière organique. L'azote, le phosphore et le potassium y étant offerts sous forme minérale et soluble, ils sont directement assimilables par les plantes, un peu comme un sérum qu'on donne à un malade incapable de s'alimenter naturellement. Avec les engrais chimiques, la fertilité du sol est remplacée par la productivité, et l'humus est réduit au rôle de support.

Dans les fumiers solides et les engrais naturels, l'azote, le phosphore et le potassium sont intégrés à des molécules de matière organique qui alimentent les micro-organismes du sol, lesquels élaborent les menus qui conviennent aux plantes. L'engrais chimique court-circuite tout ce cycle vital du sol et de la végétation : il nourrit la plante mais pas la terre, qui s'atrophie peu à peu. De plus, comme ces trois éléments se trouvent sous forme soluble, ils s'écouleront vers les cours d'eau et les nappes phréatiques s'ils ne sont pas absorbés rapidement par les plantes en croissance.

L'azote produit des nitrites et des nitrates en descendant vers les nappes phréatiques. Les systèmes de traitement pour les éliminer sont coûteux et peu efficaces. L'eau qui contient des nitrates (la norme de l'Organisation mondiale de la santé est de 5 mg/l et la norme canadienne de 10 mg/l) provoque diverses maladies graves, dont la méthémoglobinémie, qui affecte les bébés et les femmes enceintes, les cancers lymphatiques non hodgkiniens et probablement des cancers du système digestif.

Le phosphore, pour sa part, en plus de provoquer des dermatites, conjonctivites et possiblement des cancers, cause des dommages irréparables aux lacs et aux cours d'eau en stimulant la croissance des plantes aquatiques qui dévorent l'oxygène de l'eau, indispensable à la vie des poissons et des organismes qui y habitent.

Les fumiers verts, les purins et les lisiers

Les fumiers aussi ont changé. Tout d'abord, parce que l'alimentation des animaux a changé. On donne de plus en plus de céréales riches en protéines à des animaux qui ne sont pas faits pour manger des grains. On le fait pour que les vaches donnent plus de lait ou pour que les porcs engraissent plus vite. Aux vaches, on sert de plus en plus d'ensilage, c'est-à-dire du foin en herbe fermenté, avec peu de fibres, parce qu'il contient plus d'azote et de protéines que le foin mur et sec. En conséquence, les fumiers sont semi-liquides, même en gestion solide. Comme on utilise relativement peu de litière et que le mode d'entreposage ne permet pas le compostage, les fumiers qu'on épand sur les champs sont verts et contiennent beaucoup de coliformes susceptibles de se retrouver dans l'eau. De plus, le maïs qu'on donne aux ruminants abaisse le taux d'acidité dans leur estomac, ce qui favorise la survie de bactéries *E. coli* qui normalement y seraient détruites.

Quant aux fumiers liquides (les lisiers et les purins dont l'usage est généralisé dans les élevages intensifs), ils ont des effets désastreux. Pour ne pas avoir à manipuler les déjections et ne dépendre d'aucun intrant ne provenant pas des intégrateurs, on installe les animaux sur des planchers de ciment à lattes (caillebotis) et on évacue les déjections vers d'immenses fosses avec des jets d'eau. Le lisier qui en résulte contient jusqu'à 95 % d'eau. Une porcherie de 2500 places produit plus de 400 camions de 3000 gallons (quelque 12 000 litres) de lisier par année. Ces lisiers constituent un engrais, bien sûr, mais dont l'utilisation est extrêmement dangereuse. Leur transport et leur épandage brisent et salissent les routes, compactent les sols et sont relativement coûteux. L'épandage doit s'effectuer sur de grandes étendues de terres en culture et le dosage des quantités à épandre doit être précis : tout ce qui ne peut être absorbé rapidement par la plante risque de polluer l'eau dans l'environnement. Ce dosage est établi par des plans agronomiques de fertilisation dont la fiabilité, on le verra plus loin, est hautement discutable. Personne ne contrôle ces plans et personne ne contrôle le producteur qui épand, si ce n'est par un registre d'épandages dans lequel on peut écrire ce qu'on veut. Pour acquérir des terres d'épandage supplémentaires, surtout dans les régions dites en surplus de lisier, on loue celles des voisins, on en achète à gros prix, on va jusqu'à déboiser des forêts, des érablières même, des tourbières, et enfouir le sol fertile pour ramener à la surface des sols stériles pouvant recevoir des doses élevées de lisier.

Or, le lisier est un fertilisant aussi incomplet et dangereux que l'engrais chimique. Il ne contient pratiquement pas de matière organique. Il fait mourir les vers de terre, si essentiels à la vie du sol. L'azote et le phosphore s'y retrouvent également sous forme soluble ; ils favorisent une croissance rapide mais de courte durée, car ils nourrissent directement la plante mais non le sol, et ils sont facilement lessivables.

De plus, et ce n'est pas là le moindre problème, le lisier empeste l'atmosphère au point de la rendre invivable. La fermentation anaérobie (sans oxygène) dans les fosses provoque la libération massive d'ammoniac et d'anhydride sulfureux dans l'air. Les gens qui demeurent dans le voisinage des bâtiments et des lieux d'épandage sont gravement incommodés jusqu'à plusieurs kilomètres de distance. Avec la prolifération des mégaporcheries, ce sont des régions complètes qui subissent ces odeurs tout le long de l'été.

Les producteurs agricoles qui ont opté pour ce genre de pratiques tentent de minimiser le problème en le réduisant à une question d'inconvénient que doivent accepter ceux qui choisissent de vivre à la campagne. La réglementation qui a suivi la loi 23 a même retiré les odeurs du domaine des nuisances, et donc de la Loi sur l'environnement et du Code civil, pour confier aux MRC la tâche de réglementer les odeurs en établissant des distances séparatrices pour les bâtiments d'élevage à forte charge d'odeurs et les épandages de lisiers et de fumiers. Mais le problème est beaucoup plus sérieux et ne peut être réglé par de simples distances séparatrices. Le nez n'est pas là pour rien : la puanteur signale un danger. Et il y a ici effectivement danger. Il s'agit d'une véritable pollution de l'air. L'odeur infecte du lisier de porc est telle qu'elle oblige les gens à fermer leurs fenêtres, à enfermer leurs enfants devant la télévision en plein été, à s'abstenir de toute activité extérieure pendant des jours ; elle compromet leur jouissance de l'été, déjà trop court. Elle conduit les gens au découragement, à l'angoisse, au stress et à la détresse psychologique. Elle provoque des maladies du système respiratoire et affecte particulièrement les asthmatiques. De plus, il est confirmé que les odeurs charrient dans l'air tout comme dans l'eau des particules et des bactéries porteuses de maladies. La présence des odeurs de lisiers fait fuir les gens et les autres activités, particulièrement les activités touristiques et récréatives. Les propriétés subissent une dévaluation pouvant aller jusqu'à plus de 30 %.

Pour parer aux problèmes de pollution de l'eau et de l'air causés par le lisier, on refuse de remettre en question la gestion liquide des fumiers. Pourtant, le compostage des fumiers solides, mélangés à une litière, permettrait de résoudre une grande partie du problème. En effet, le fumier composté avec litière ne sent pas, ne contamine pas l'eau parce que l'azote et le phosphore y sont intégrés à la matière organique; son volume diminue de 80 % lors du compostage et il s'épand avec une machinerie conventionnelle de ferme. Des expériences de porcheries sur litière, même avec 2000 porcs, sont concluantes et toutes les études de la firme d'ingénierie BPR confirment sa faisabilité et sa rentabilité à moyen terme. L'Europe a commencé à reconvertir ses porcheries à la gestion sur litière. Les techniques en la matière sont parfaitement au point. La litière peut facilement être disponible si on revient à la culture des céréales à paille au lieu de pratiquer la monoculture de maïs.

Mais plutôt que d'investir dans ce mode de gestion des fumiers et de limiter les élevages à la capacité de support des sols et du milieu, on pousse les éleveurs à généraliser l'option liquide et on s'apprête à dépenser des millions de dollars, aux frais des contribuables, pour traiter le lisier, c'est-à-dire le déshydrater d'abord, et composter ensuite les résidus solides. On subventionne les intégrateurs pour des installations où on ajoute 90 % d'eau aux déjections et on entrepose le lisier dans des fosses coûteuses et dangereuses ; et maintenant, on va les subventionner de nouveau pour enlever cette eau et composter le fumier initial ! On estime que le traitement du lisier exigera un investissement supplémentaire d'environ 15 $ du cochon. Mais les intégrateurs tiennent à leurs mégaporcheries entièrement automatisées et indépendantes, qui fonctionnent sans main-d'œuvre et sans apport du milieu.

Les animaux en captivité

À partir du moment où les animaux ne sont plus élevés par des paysans sur une ferme mais par des employés qui travaillent à contrat pour des intégrateurs, ils sont concentrés dans des bâtiments qui sont de véritables bunkers, des usines à viande ou à lait. Même les vaches laitières des grandes fermes familiales ne sortent plus dehors ou à peu près pas.

Dès lors, les animaux ne verront plus la lumière du jour et ne mangeront plus dans les champs. Or, la vache est un ruminant et elle est faite pour brouter, le porc pour fouiller dans le sol, la poule pour picorer, le veau pour téter et gambader. L'agriculture d'affaires

« Le lisier de porc est un excellent fertilisant naturel qui permet de diminuer les quantités d'engrais chimiques... »

Ou comment changer l'eau en vin

Le lisier de porc est effectivement un fertilisant naturel. Si les cochons étaient au pâturage, leur fumier serait comparable à celui des bovins, même si leur composition chimique diffère un peu. À cet égard, il est plus naturel que l'engrais chimique, plus équilibré surtout.

Toutefois, les cochons ne vont plus au pâturage, on ajoute de l'eau à leur fumier plutôt que de la paille et la soupe résultante est entreposée dans d'immenses citernes. La différence ? L'oxygène ! En présence d'air, donc d'oxygène, les bactéries présentes dans l'environnement, c'est-à-dire dans le fumier lui-même, dans le sol ou dans l'air, transforment les éléments contenus dans le fumier en composés stables, liés à la litière pour former de la matière organique. En l'absence d'oxygène, à l'instar du contenu d'un sac d'ordures qu'on aurait laissé au soleil, fermé, pendant une semaine d'été, les composés obtenus (ammoniac, anhydride sulfureux, etc.) sont instables, malodorants, volatiles et plus solubles. Ils peuvent donc facilement s'évaporer en odeurs pestilentielles ou être emportés par les eaux de pluie vers les nappes souterraines. De plus, tout le processus de compostage est ainsi court-circuité et de nombreux micro-organismes survivent lors de l'entreposage et peuvent réintégrer la chaîne alimentaire en passant par les champs.

Et n'oublions pas que l'eau du lisier ainsi accumulé n'a pas l'occasion de s'évaporer, comme c'est le cas en présence de litière, que ce soit dans la grange ou à l'extérieur. Lorsque la saison de l'épandage arrive, ce sont des masses considérables qui prennent la voie des champs, endommageant au passage des routes qui ne sont pas conçues pour de telles charges et compactant les sols. En compostant le fumier, on enlève presque 90 % de l'eau qu'il contient. On divise ainsi la masse de fumier transporté par 10 et le volume par 5.

Bref, si le lisier de porc n'est pas plus néfaste que l'engrais chimique, il ne l'est guère moins et devrait être remplacé par du fumier solide, de préférence composté.

Comptez vous-même le nombre de cochons admissibles dans votre municipalité

Ou au Québec, vos impôts font de la m...

Si vous voulez vous faire une idée de ce qui est permis par nos normes — « les meilleures au monde », nous dit-on —, nous vous suggérons le petit calcul suivant :

Quelle est la superficie de votre municipalité, en hectares ?

Admettons que vous en rasez les forêts, ce qui est tout à fait légal (à moins qu'il s'agisse d'une érablière, et encore).

Supposons maintenant que toutes les terres soient labourées et ensemencées en maïs, ce qui est non seulement légal mais subventionné (240 $ l'hectare versés par l'État au 14 février 2002).

Multipliez le nombre d'hectares par environ 19 et vous obtiendrez le nombre de cochons autorisés dans votre municipalité.

Prenons l'exemple de Sainte-Croix : 66 km^2, soit 6600 ha, dont la moitié est boisée.

6600 x 19 = 125 400 cochons

Ce calcul est bien sûr théorique puisque nous pouvons présumer que certains fermiers n'accepteront pas de couper leur boisé à blanc ou de ne cultiver que du maïs. Mais il donne une idée de « l'encadrement » de nos normes qui permettent de telles situations.

Il faut mettre en place une autre façon de contrôler le nombre d'animaux, comme le préconise l'Union paysanne. Nous ne devrions pas dépasser une densité d'environ une unité animale (soit une vache, ou 5 cochons) par hectare. (La région de Chaudière-Appalaches a actuellement une densité de 1,5 unité animale à l'hectare, avec les problèmes de surplus de fumier que nous connaissons.) Le soutien public ne devrait être accordé qu'à ceux qui respectent cette limite, sans compenser par des engrais chimiques évidemment. En outre, il est plus facile de compter le nombre de vaches dans une étable et la surface des champs que d'évaluer la quantité de phosphore dans une citerne ambulante qui se promène d'un champ à l'autre.

fait de l'animal une machine à produire. C'est encore plus vrai pour les animaux transgéniques « reconditionnés » pour produire davantage.

Les animaux sont entassés dans des conditions contraires à leur nature : sur des dalles de ciment mouillées, dans des cages à plusieurs étages, sur des grilles. On les mutile en leur coupant la queue, le bec, les oreilles, les cornes, pour contrer le cannibalisme qui les afflige. Ils deviennent agressifs. Le stress et la surproduction les rend vulnérables aux maladies. Les vaches qu'on force à surproduire ont un taux anormalement élevé de leucocytes dans leur lait. Des études ont démontré que la probabilité de maladie et d'épidémie augmente en proportion de la concentration des animaux, deux unités animales par hectare étant un seuil de bascule. (Or, dans certaines régions du Québec, on dépasse quatre unités animales à l'hectare.) Qu'à cela ne tienne ! On bourre les animaux de médicaments pour qu'ils tiennent le coup jusqu'à l'abattoir. Pour qu'ils engraissent plus vite, on les empêche de bouger. On garde les veaux de lait dans des conditions cruelles d'anémie forcée pour que la viande reste rose pâle. On utilise des hormones et des antibiotiques pour accélérer la croissance. On trafique leur cycle de reproduction à des fins de rentabilité. On castre les mâles pour les tranquilliser. On pratique systématiquement l'insémination artificielle et la sélection des géniteurs. On altère les cycles de reproduction des brebis, par exemple, en leur insérant des éponges dans le vagin et en simulant la nuit hâtive pour provoquer des ovulations qui leur permettront de donner deux portées durant l'année au lieu d'une. Même stratagème pour faire pondre les poules toute l'année. On fait saillir des truies trois jours après leur mise bas. Plusieurs fois par année, on provoque la production de plusieurs ovules chez une vache performante à l'aide d'hormones, on les féconde artificiellement et on les implante dans des vaches porteuses moins productives. Une championne peut ainsi produire des dizaines de rejetons par année ; on exportera ses embryons au pays et à l'étranger.

L'alimentation des animaux n'a plus rien à voir avec leurs besoins naturels mais obéit aux contraintes de l'automatisation et du rendement. Les balles de foin rondes sont servies aux vaches sur un circuit automatique qui fait circuler la balle de foin devant les animaux : chaque vache n'a que quelques minutes pour s'empiffrer. Les rations sont calculées par ordinateur en fonction du rendement de chacune, de son cycle de lactation et d'un horaire précis. On cherche à donner le maximum de protéines à bon marché : c'est ainsi qu'on a inventé les farines carnées, fabriquées à partir des résidus d'abattage, de cadavres de toute sortes et des gras et huiles usés. Pour détruire les maladies que ces farines pourraient transmettre, notamment les prions qui causent la tremblante du mouton, on devait chauffer ces farines suffisamment, mais on a triché, pour détruire le moins de protéines possible, ce qui a permis aux prions de survivre et de se transmettre aux bovins, puis aux humains. L'utilisation des fumiers de poulet (qui sont remplis de bactéries *E. coli,* salmonelle et autres) pour nourrir les bovins de boucherie et les poulets eux-mêmes est une autre de ces trouvailles. Se pourrait-il que la maladie du hamburger ne soit pas nécessairement due au fait qu'un boucher aurait mal lavé son couteau ?

Non moins cruels sont les transports et les attentes des animaux à l'abattoir, dans des conditions de stress extrême, sans eau, sans nourriture, sans compassion. Il faut avoir vu partir un animal qu'on aimait pour l'encan, bâton électrique à l'appui, pour mesurer toute la souffrance de ces animaux au cours des longues heures qui les séparent de leur mort.

Ces usines à cochons, à poulets, à bœufs ou à veaux sont de véritables camps de concentration et des salles de torture qui déshonorent l'être humain. Les animaux y sont franchement malmenés et souffrent toute leur vie pour maximiser les rendements, pour minimiser les coûts de production et les prix de vente. Le Conseil de l'Europe a interdit plusieurs de ces cruautés. La Belgique a même créé un Secrétariat à la condition animale. Chez nous, en Amérique, tout semble permis, y compris la barbarie ! Dans ces conditions, pouvons-nous continuer à apprécier la viande qui nous est servie et nous fier à sa qualité ? N'est-il pas urgent de revenir à un élevage qui respecte les animaux et s'inscrit dans le cadre d'une ferme vivante et humaine ?

Les pesticides

Les plantes, les céréales, les légumes et les fruits n'ont pas échappé à cet asservissement et à cette dénaturation qui caractérisent l'agriculture industrielle. L'avènement des pesticides chimiques — herbicides contre les « mauvaises herbes », fongicides contre les champignons « malins », insecticides contre les insectes « ravageurs » — est vite apparu aux producteurs horticoles, fruitiers et maraîchers comme une solution miracle. Au lieu de travailler avec la nature et en synergie avec les écosystèmes, on s'est vite habitué à recourir aux prescriptions généreuses des vendeurs de pesticides. Plus besoin de comprendre, plus besoin de prévenir, plus besoin d'agronomie : il suffit de suivre les modes d'emploi inscrits sur les bidons. Pour les multinationales, le commerce de ces produits est vite devenu un marché en or. On en invente sans cesse de nouveaux pour régler les problèmes qu'on a créés avec les précédents. Quand les insectes deviennent résistants, on invente des insecticides plus puissants. La plupart du temps, les étiquettes et le mode d'emploi

« Jamais les animaux ne se sont portés aussi bien »

Ou comment mettre tous ses œufs dans le même panier

Maintenant que les animaux sont presque tous élevés à l'intérieur et que leur alimentation est strictement contrôlée, ils donnent de bien meilleurs rendements : quantité record de lait par lactation, nombre record de porcelets sevrés par portée, etc.

Mais qu'en est-il de la quantité de lait produit pendant toute la vie d'une vache ? Ou du nombre de porcelets produits par truie ? Force est de constater que les animaux élevés industriellement ne vivent plus aussi longtemps qu'avant. La moyenne de longévité d'une vache sur la ferme est d'environ trois ans et demi ! Étant donné qu'il faut deux ans pour qu'une vache devienne adulte, il y a des questions à se poser. Il en va de même pour les truies : première portée vers un an mais peu après trois ans, c'est l'abattage (ou plutôt la « réforme », pour utiliser le jargon moderne). Pourtant, une vache peut vivre aisément une quinzaine d'années et une truie environ 10 ans. Après à peine plus d'un an, les poules aboutissent dans la soupe ou les cosmétiques, alors qu'elles peuvent vivre de cinq à sept ans.

Et qu'arrivera-t-il lorsque toutes les vaches seront les fières descendantes du désormais célèbre taureau Starbuck, que nous aurons trouvé « la » meilleure lignée de poule pondeuse ou de porc ? Qu'arrivera-t-il lorsqu'une maladie s'attaquera à ces populations d'animaux pratiquement identiques génétiquement ? Sans doute la même chose qu'à l'Irlande, acculée à la famine pour avoir cultivé la même sorte de pomme de terre dans tout le pays. La biodiversité est la seule véritable protection contre les épidémies et autres conditions adverses.

de la compagnie tiennent lieu de contrôle et celle-ci ne garantit pas l'efficacité si la dose n'est pas respectée. Les contrôles gouvernementaux en ce qui a trait à l'innocuité et aux règles d'utilisation de tels produits sont minces et lents, s'appuyant souvent sur les recherches des compagnies elles-mêmes, qui ont souvent déjà été prises en défaut. Pensons par exemple à des produits comme le DDT, les biphényles polychlorés (BPC), la dioxine, le Roundup, le Carbadox, les phytocides, l'atrazine et plus récemment la morpholine.

À la fin des années 1980, je fus appelé à travailler à l'élaboration d'un code de gestion des pesticides pour le ministère de l'Environnement, auquel on vient tout juste de donner suite. Si la nouvelle réglementation bannit les pesticides pour l'entretien des pelouses dans les endroits publics, elle ne s'attaque pas vraiment à leur utilisation en milieu agricole où ils sont tout aussi dommageables. Des tests effectués par le ministère de l'Environnement révèlent que beaucoup de ces pesticides persistent dans l'eau et l'environnement beaucoup plus longtemps que ce que prétendent les étiquettes des compagnies. La présence de résidus de ces pesticides dans les céréales, les légumes et les fruits que nous mangeons et leurs effets sur la santé ne font plus de doute: on vient d'en avoir une nouvelle preuve avec la morpholine qui entre dans la composition de la cire dont on enduit les pommes et autres fruits. On cherche à minimiser les effets délétères de ces produits, à isoler chaque cas de l'ensemble des effets négatifs.

Les enfants sont plus vulnérables à ces produits. Le système de reproduction et le système immunitaire seraient les plus touchés. Dans *La terre en héritage*[1], Jean-Marie Pelt démontre que la pollution chimique semble directement reliée à la puberté précoce, aux cancers des organes génitaux, à l'infertilité qui toucherait 50 % des hommes dans certaines régions d'Amérique. Il fournit même des indices troublants d'une féminisation des mâles observée dans des zone de pollution chimique élevées.

L'utilisation des pesticides chimiques provoque une escalade. En interférant dans les écosystèmes, on perturbe tout le cycle naturel. En éliminant une herbe ou un insecte, on provoque un autre problème qui nécessite un nouveau produit. C'est bon pour les affaires, mais désastreux pour l'équilibre de la nature et la sécurité alimentaire.

1. Jean-Marie Pelt, *La Terre en héritage*, Paris, Fayard, p. 136-178.

Mais on a trouvé mieux ! Depuis longtemps déjà, on trafiquait les semences, sous prétexte d'améliorer les espèces, mais en réalité pour confisquer la capacité de reproduction des graines au profit des grandes compagnies vendeuses de semences. Un premier pas avait été franchi avec les hybrides, qu'on ne peut semer l'année suivante sans subir une dégénérescence, les hybrides résultant d'une autofécondation. Mais avec les OGM et les brevets acquis sur chaque transgenèse, quelques multinationales sont en train de s'assurer le contrôle absolu sur des plantes et des animaux (bientôt des humains sans doute) pour garantir des profits inespérés à leurs actionnaires. Les OGM constituent sans doute le plus grand danger qui menace notre époque, provoquant le dérèglement de la nature et de ses écosystèmes fragiles au profit d'une poignée de multinationales.

Les OGM ou l'agriculture chimérique

Les OGM, ou plutôt les organismes transgéniques, sont des chimères au sens propre et au sens figuré[2]. Au sens propre, parce qu'ils incorporent des gènes en provenance d'espèces et même de règnes différents. La transgenèse est ainsi fort différente des modifications génétiques qui sont à la base de l'évolution et du développement par sélection naturelle. Elle crée des chimères,

2. Il est intéressant de rappeler ici que le brevet accordé pour la première manipulation génétique réalisée par Royer et Cohen il y a une vingtaine d'années portait sur une « chimère fonctionnelle ».

sortes de monstres imprévisibles qui n'existaient jusqu'ici que dans la mythologie et l'imaginaire. Étrangement, ces chimères génétiques sont aussi des chimères au sens figuré et font partie d'une vaste tromperie et d'un complot commercial. Les miracles qu'elles nous promettent, comme celui de nourrir la planète sans nuire à l'environnement, sont des illusions, des mirages.

La révolution agricole axée sur la biotechnologie qu'on tente de nous imposer repose sur une propagande mensongère : la transgenèse est présentée comme une merveille scientifique qui va permettre de produire plus de nourriture et des aliments enrichis et améliorés, tout en diminuant l'utilisation des pesticides dommageables pour l'environnement. En réalité il s'agit de bricolages génétiques effectués par des vendeurs qui font main basse sur les semences et brevètent les organismes vivants reformatés à des fins commerciales. Le but essentiel de ces « innovations » est de permettre à quelques grandes multinationales (quatre pour le moment : Monsanto, Novartis, Dupont et Seneca) de breveter et de contrôler l'agriculture et l'alimentation partout sur la planète.

« *Les transnationales des "sciences de la vie"*, écrit Jean-Pierre Berlan dans un petit livre terrifiant intitulé *La guerre au vivant*[3], *produisent des pesticides, des fongicides, des bactéricides, des herbicides, des gamétocides, bref des biocides. Elles ont racheté les "semenciers" traditionnels pour élargir leurs marchés en*

---

3. Jean-Pierre Berlan (dir.), *La guerre au vivant. OGM et autres mystifications scientifiques*, Marseille, Agone, 2001, p. 147.

L'irradiation nucléaire des aliments

Ou l'ours qui assomma le jardinier en voulant tuer une mouche sur son nez

Le Canada permet l'utilisation de substances radioactives dans le but d'augmenter la durée de conservation d'aliments. C'est principalement le cobalt 60, un des principaux déchets des centrales nucléaires, qui est utilisé à cette fin. En gros, on suppose que l'irradiation des aliments détruit les organismes nuisibles, comme les moisissures et les bactéries, le tout sans altérer la qualité des aliments irradiés, assure-t-on...

Ce n'est pas un hasard si l'apparition du procédé coïncide avec l'industrialisation de l'agriculture et la disparition des circuits courts de mise en marché. À partir du moment où chaque aliment doit parcourir en moyenne 2500 km avant de se retrouver dans notre assiette, le délai entre la récolte et la consommation augmente, entraînant des risques de détérioration et de perte.

Au lieu de régler le problème à la source en favorisant la mise en marché locale, on préfère mettre en place une foule de procédés pour le moins douteux, comme la récolte avant maturation avec utilisation d'éthylène durant le transport, ou l'irradiation des aliments.

L'irradiation des aliments est-elle aussi sûre pour la santé humaine que ses promoteurs nous l'affirment ? De nombreuses études effectuées dans plusieurs pays remettent en question ce procédé agressif, qui aurait pour effet d'affecter la valeur alimentaire des aliments, de créer des composés néfastes dans les aliments et, qui pis est, d'induire une radioactivité secondaire dans les aliments. Même si cette radioactivité secondaire est minime, elle est cumulative et aurait pour conséquence, en marquant nos cellules, d'ouvrir la voie à divers problèmes de santé.

C'est pour ces raisons que l'Allemagne a banni ce procédé dès 1958. Toutes les études qui ont suivi ce bannissement par l'Allemagne ont attesté des pertes importantes de vitamines à la suite d'une irradiation, plus particulièrement des vitamines du complexe B, vitales pour le cœur et le cerveau. D'autres pays ont aussi interdit l'irradiation des aliments : la Suède, la Suisse, l'Autriche, le Portugal, la Grèce. Pour sa part, le Conseil de l'Europe l'interdit pour les aliments certifiés biologiques.

Les opposants à l'irradiation des aliments proposent différentes méthodes de contre-expertise pour vérifier la qualité alimentaire des aliments et les changements opérés par l'irradiation, dont le pendule (méthode de l'ingénieur André-Simoneton), la bio-électronique et la cristallisation sensible.

Le principe de précaution s'impose donc ici et devrait inciter tant les autorités que les citoyens à bannir le procédé actuel d'irradiation des aliments.

commercialisant des kits semences + biocides. Les immenses profits qu'elles anticipent sur leur contrôle accru de la production agricole et alimentaire exigent de dépouiller les plantes et les animaux de la faculté la plus fondamentale des être vivants : se reproduire et se multiplier. Leur objectif est de faire des êtres vivants en quelque sorte stériles. Des sciences de la mort se déguisent ainsi en "sciences de la vie". »

Ces chimères génétiques sont des bricolages fondés davantage sur le hasard que sur la science et difficilement reproductibles : l'expérience de Dolly réussit à la 278e tentative ! On constate partout, dans les milieux scientifiques aussi bien que politiques, que les vérifications sur les « effets secondaires » ou à long terme de ces modifications sont insuffisantes ou inexistantes. Pour une plante transgénique qui intègre un gène de pesticide, on ne fait même pas les vérifications exigées pour le pesticide lui-même. On coupe au plus court, on triche avec les règles, on joue sur les mots (vivant et matière vivante !) pour passer au plus vite à la mise en marché, qui est le véritable objectif de toute l'opération. « *Les biotechniciens et les entreprises qui mettent au point ces chimères génétiques*, écrit encore Jean-Pierre Berlan, *prétendent qu'une fraise contenant des gènes étrangers serait "substantiellement équivalente" du point de vue du Codex* [alimentarius] *et des règles internationales, et par conséquent, qu'elle n'exige pas d'étiquetage particulier.* [...] *Pour toute personne sensée, une fraise qui contient un gène de poisson des mers froides (le carrelet) la rendant résistante au gel, un gène bactérien lui conférant une résistance aux antibiotiques et un gène viral jouant le rôle d'un interrupteur du fonctionnement des gènes introduits est fondamentalement différente d'une fraise ordinaire*[4]. »

La transgenèse n'est pas la solution miracle au problème de la faim dans le monde. Les plantes transgéniques sont moins productives que les plantes naturelles et on obtient des améliorations plus significatives par la sélection. Elles ne permettent pas non plus de diminuer les effets nocifs des pesticides : elles augmentent au contraire leur utilisation puisque la plupart d'entre elles, comme les céréales Roundup Ready, confèrent à la plante une résistance à des herbicides qu'on ne pouvait utiliser auparavant. Un champ de maïs Bt (*Bacillus thuringiensis*) contient de 10 000 à 100 000 fois plus de Bt que les quantités qu'on aurait vaporisées contre la pyrale du maïs. De toute façon, comme le souligne fort pertinemment Brewster Kneen dans *Les aliments trafiqués*[5], un ouvrage percutant qui dévoile les dessous de la biotechnologie, « *l'industrie de la biotechnologie n'a pas du tout l'intention de nourrir quiconque ne peut payer. Les affamés et les démunis peuvent cependant servir à entretenir le sentiment de culpabilité des bien nantis et aider ainsi les méga-entreprises à obtenir ce qu'elles veulent de la part des politiciens et des organismes de réglementation, à mettre leurs nouveaux produits sur le marché, à s'assurer que les agriculteurs*

4. *Ibid.*, p. 79.

5. Brewster Kneen, *Les aliments trafiqués. Les dessous de la biotechnologie*, Montréal, Éditions Écosociété, 2000, p. 45-46.

du Nord prennent bien le virage technologique et à satisfaire leurs actionnaires. »

Sur le site Internet de Monsanto, on nous explique que les OGM nous permettent de continuer à améliorer notre condition humaine. Dans l'utilisation de la nature pour répondre à nos besoins, nous explique-t-on, nous avons maintenant atteint un plafond : si nous voulons progresser, il est nécessaire de modifier la nature des êtres vivants pour leur conférer de nouvelles propriétés susceptibles de nous procurer de nouveaux avantages. Malheureusement, à l'analyse, on constate que ces nouveaux avantages sont trompeurs et que, en plus de nous détourner des vraies voies d'amélioration, ils comportent beaucoup d'inconvénients : le riz transgénique qui devait épargner la cécité aux enfants asiatiques mal nourris exige beaucoup trop d'eau ; le maïs transgénique Starlink provoque des allergies chez les humains ; les papillons monarques ne survivent pas dans les champs de maïs Bt, et on vient de découvrir que la toxine du Bt se communique par les racines des plantes modifiées à d'autres bactéries dans le sol, qui prolifèrent à leur tour, font mourir les vers de terre et aboutissent dans les sédiments des cours d'eau, ce qui constitue une nouvelle forme de contamination transgénique qu'on n'avait pas prévue ; la résistance croissante aux antibiotiques chez les humains et au Bt chez les insectes semble directement reliée à ces bricolages génétiques ; les paysans à travers le monde se voient interdire d'utiliser les grains de leur récolte pour semer l'année suivante et doivent en racheter chaque année de Monsanto, et à gros prix ; le pollen des plantes transgéniques contamine rapidement toutes les autres cultures à tel point qu'il sera bientôt presque impossible de certifier des céréales biologiques dans certaines régions.

Le porc transgénique rejettera 75 % moins de phosphore dans l'environnement, nous assure-t-on. Mais où ira ce phosphore en surabondance qu'on lui sert dans ses rations enrichies sinon dans son organisme ? Ne faudrait-il pas plutôt repenser l'alimentation de ces animaux ? Pour se procurer ces cochons soi-disant moins polluants, qui permettront d'augmenter encore la production, il faudra payer des redevances à la multinationale qui les a « créés », au détriment des races naturelles mises au point par sélection.

On remplace une pollution par une autre encore plus perverse dont on ignore les effets à long terme, pour pouvoir pousser le productivisme encore plus loin, plutôt que d'appliquer les vraies solutions : nourrir les enfants asiatiques convenablement, limiter les élevages selon la capacité et les besoins du milieu, bannir les monocultures, respecter la nature des sols, des plantes, des animaux et des humains.

Non seulement l'agriculture industrielle ne respecte pas les processus naturels et la nature des plantes, des animaux et des campagnes, mais elle viole carrément la nature. Elle ne cultive plus la terre, ne nourrit plus les siens, n'entretient plus la campagne ; elle fait des affaires sans se soucier de ce qu'elle laisse derrière elle et des lendemains qu'elle prépare. Elle n'a d'agriculture que le nom. Elle est une chimère qui met en danger notre patrimoine alimentaire, notre eau, notre santé, nos campagnes, notre avenir.

Les promoteurs de la transgenèse végétale et animale prétendent « améliorer » la nature pour notre plus grand bien ; en réalité, on la manipule essentiellement pour s'assurer un contrôle et donc des profits croissants. Une telle agriculture, qui obéit aux seuls critères marchands et spéculatifs, ne peut que conduire à une catastrophe alimentaire et sociale. C'est une chimère qui risque d'être fatale. Le dérèglement des écosystèmes fragiles de la nature est sans doute la plus grande menace de notre époque, et on ne voit guère comment on pourra revenir en arrière. L'interdiction des OGM en agriculture fait nécessairement partie des revendications de tout mouvement paysan et biologique. Le Québec et l'Amérique dans son ensemble tardent à rejoindre les populations européennes sur ce point : il faut sonner l'alarme et crever la chimère avant que ne retentissent les trompettes de l'Apocalypse. « *L'agriculture chimérique*, écrit Jean-Pierre Berlan, *est un choix de société irréversible.* [...] *Cette nouvelle mystification scientifique, menée comme d'habitude au nom du progrès et de la philanthropie, est une étape décisive de notre asservissement marchand. Elle exclut la recherche de solutions durables aux pollutions agricoles, à l'insalubrité et à l'insécurité agricoles et alimentaires, à la désertification des campagnes. Cette mystification organise les futures famines dans une fuite en avant jusqu'au chaos biologique final*[6]. »

---

6. *Ibid.*, p. 144

« Les OGM vont permettre de vaincre la famine dans le tiers-monde... »

Ou le cheval de Troie moderne

Lorsqu'il est question d'OGM, on revient sans cesse aux risques potentiels pour la santé humaine. Mais il y a d'autres enjeux majeurs, comme en témoigne le cas de Percy Schmeiser, agriculteur de la Saskatchewan.

Percy Schmeiser est producteur de canola depuis une quinzaine d'années. Récemment, son voisin a semé du canola transgénique de la compagnie Monsanto. Évidemment, il y a eu pollinisation croisée à la récolte, le pollen ayant été transporté par les insectes, les oiseaux ou le vent. Il y a donc eu croisement entre les plantes cultivées par Percy Schmeiser et celles de son voisin. C'est ainsi qu'on a retrouvé le gène modifié de la culture voisine dans la récolte de canola de M. Schmeiser. Monsanto, compagnie transnationale fabriquant les semences modifiées sous brevet, a réclamé le paiement des droits d'utilisation de celles-ci. À la suite du refus du fermier, tout le monde s'est retrouvé en cour. Le géant Monsanto a gagné, et voici les points importants du jugement :

– Peu importe d'où viennent les gènes modifiés, que ce soit du vol ou de la contamination par les insectes, le vent ou les oiseaux, ils sont la propriété de Monsanto et M. Schmeiser doit payer les droits ;

- Étant donné qu'il n'est pas possible de distinguer le grain contaminé de celui qui ne l'est pas, la totalité de la récolte devient la propriété de Monsanto, qui peut donc exiger le paiement des droits ;
- La récolte étant maintenant la propriété de Monsanto, le fermier n'a pas le droit d'utiliser son grain pour ensemencer ses champs.

Les conséquences de ce jugement sont importantes. Il implique que tout organisme vivant qui se trouverait contaminé par des gènes modifiés devient automatiquement la propriété de la compagnie ayant introduit ce gène. Les États-Unis annonçaient récemment qu'ils sont prêts à envoyer de l'aide alimentaire en Afrique, mais uniquement s'il s'agit de produits génétiquement modifiés. Est-ce souffrir de paranoïa que d'y voir une tentative de prise de contrôle de l'agriculture africaine ?

La désertification et le déboisement

La production galopante, c'est bien connu, ne fait pas bon ménage avec l'environnement, l'eau, les sols, l'air, les écosystèmes et le renouvellement des ressources. Tant que la production agricole a été entre les mains de paysans locaux et axée sur l'autosuffisance alimentaire, elle a façonné et entretenu l'environnement rural et ses ressources. Tout n'était pas parfait. Il y a eu des dégâts, mais hors de proportion avec les effets dévastateurs que peuvent entraîner les méthodes industrielles. L'agriculture était un mode de vie, une façon d'occuper et d'aménager le territoire rural, un art de vivre avec la nature. À partir du moment où la production agricole passe sous le contrôle d'industriels et d'intégrateurs préoccupés avant tout de conquérir les grands marchés d'exportation, tout cet écosystème rural est bouleversé et assujetti aux objectifs de production.

L'eau est la première ressource affectée : contamination par les engrais chimiques, les pesticides et les fumiers liquides, destruction des rives protectrices, dessèchement par le drainage et le déboisement, etc. La gestion par bassins versants en est encore aux premiers balbutiements.

Les sols sont aussi rapidement dégradés et surexploités : les engrais chimiques et liquides, les pesticides et l'abandon des rotations de culture au profit de monocultures de céréales — plus spécialement le maïs, une céréale vorace qui consomme énormément de pesticides — détériorent et épuisent la couche arable.

Conséquemment, c'est tout le paysage rural, remarquable par sa structure, sa diversité et son équilibre, qui subit une désertification très avancée dans des régions comme la Montérégie ou le centre du Québec : déboisement, monocultures sarclées, disparition des animaux, des clôtures, des haies, des bâtiments et des habitations. En plus de banaliser le paysage, la suppression des boisés de ferme, qui jouaient un rôle majeur dans l'écosystème rural, fait disparaître, entre autres, les réserves d'eau, les milieux humides, l'abri des animaux, les oiseaux et autres prédateurs.

La campagne se transforme rapidement en parc industriel. À l'industrie agricole s'ajoutent les sites d'enfouissement urbains, les usines de traitement de déchets toxiques, les mini-centrales électriques sur les rivières, le déboisement de la forêt publique, les usines papetières et les alumineries, les grands abattoirs, les résidus d'exploitation minière, les transports lourds générés par toutes ces industries primaires. Et tous ces industriels ont des droits de produire garantis par des lois qui laissent bien peu de marge pour l'aménagement du territoire confié théoriquement aux MRC.

Un patrimoine naturel, architectural et culturel irremplaçable est ainsi littéralement emporté par ce raz-de-marée industriel. Le Québec tout entier risque d'y perdre à la fois ses racines culturelles profondes, ses réserves de nature et de diversité culturelle et son industrie touristique et récréative.

Le dépeuplement

Au milieu de ce désert se dressent ici et là, en Montérégie par exemple, des amas de silos et entrepôts industriels, des porcheries, des poulaillers, des citernes à purin, mais de moins en moins d'habitations. Ailleurs, comme dans les régions périphériques, on reboise des terres défrichées péniblement il n'y a même pas 100 ans, alors qu'on pourrait y développer des unités de production paysannes diversifiées, avec transformation et vente sur place. Notre structure de financement et de mise en marché ne permet pas de rentabiliser autre chose qu'une ferme laitière qui grossit sans cesse ou des méga-élevages intégrés. La Commission canadienne du lait avouait candidement récemment qu'elle avait fixé un prix du lait qui couvre les coûts de production de seulement 25 % des producteurs, condamnant clairement les 75 % restants à disparaître à moyen terme. Chaque fois qu'un producteur vend son quota de lait, qu'il considère étrangement comme son fonds de pension, c'est une ferme et une famille qui disparaissent à moyen terme. Et avec la disparition des fermes familiales, ce sont les rangs et les villages qui se dépeuplent. Les fermes qui survivent ne trouvant pas de relève, les jeunes quittent leur région natale, l'économie et la culture locales se désintègrent.

Les fermes-usines et les méga-élevages qui prennent la place créent peu d'emplois et de retombées locales. Une étude récente de l'agronome Denis Boutin démontre que plus les entreprises sont grandes, moins elles achètent et transforment dans leur localité et leur région. Le lait de tous les producteurs laitiers du Québec est transformé près de Montréal. Une méga-porcherie de 2000 places qui produit pour l'exportation crée moins d'un emploi en moyenne, s'approvisionne chez un intégrateur qui réside souvent à l'extérieur de la localité et même de la région ; cependant, les dommages causés à l'environnement et à la communauté par le lisier de porc sont, eux, strictement locaux.

Toutes nos politiques de financement de l'agriculture et de mise en marché collective, comme nous le verrons au chapitre II, favorisent systématiquement cette concentration de la production et de la transformation des aliments, et un modèle axé davantage sur les grandes entreprises d'exportation que sur l'occupation du territoire. Ce modèle prévaut également pour l'exploitation de la forêt, de la pêche, des mines et de l'eau.

D'autre part, la Loi sur la protection du territoire agricole, qui vise à protéger les terres agricoles et à donner la priorité à l'agriculture dans les zones vertes, est en train elle aussi de produire un effet contraire. En refusant d'appliquer cette loi différemment en zone périurbaine et en zone périphérique, et en maintenant une division de plus en plus hermétique entre la zone blanche, réservée au résidentiel, et la zone verte, réservée aux producteurs agricoles de plus en plus industriels, la Commission, qui est nettement au service du lobby agricole industriel, est en train de contribuer à vider la campagne et à détruire la ruralité, en un mot à transformer la zone verte en parc industriel agricole.

Si nous ajoutons à tout cela une politique de centralisation des services publics (éducation, santé, culture, communications, transports, etc.), nous conviendrons que depuis les années 1960, nos dirigeants appliquent systématiquement une politique de « désoccupation » du territoire québécois. Ce n'est pas une politique rhétorique de la ruralité ou une nouvelle génération de programmes d'initiatives rurales à la petite semaine laissant intactes toutes ces politiques sectorielles déstructurantes pour les régions dites « à ressources » qui y changera grand-chose. Ces nouvelles politiques, tout comme les anciennes, ne proposent nulle part une véritable approche de l'occupation du territoire qui obligerait tous les ministères sectoriels à réorienter leurs politiques en fonction de cet objectif. La clause territoriale ne concerne directement que les normes et modalités d'application des programmes des ministères. Elle ne s'attaque pas aux chasses gardées du ministère des Forêts, de l'Agriculture, de la Santé ou de l'Éducation, qui échappent complètement à la « gouvernance territoriale ». Or ce sont eux qui vident les campagnes avec leurs politiques de centralisation des services et de pôles de croissance urbains héritées des années 1970. Ils gèrent les ressources selon le modèle productiviste : concentration des entreprises, monopoles qui privilégient les grandes productions spécialisées et exportatrices plutôt qu'une exploitation multifonctionnelle et locale de la ressource. Leurs objectifs d'efficacité économique ne tiennent pas compte des impacts sur l'environnement, l'emploi, la démocratie, l'occupation du territoire, la durabilité et la diversité. Parallèlement, ils gèrent les services selon un principe de centralisation et de rationalisation, sans se préoccuper des répercussions de leurs politiques sur la qualité de vie, la survie des communautés et l'équité sociale. Dans ce contexte, on comprend mal que le premier ministre Bernard Landry se demande encore « quelle fatalité s'est abattue sur certaines régions ».

Bref, il n'est peut-être pas loin le jour où tous devront admettre que l'agriculture industrielle actuelle, tout comme la foresterie et la pêche qui ont adopté le même modèle, a contribué davantage à la désintégration des régions rurales et des campagnes qu'à leur développement et à leur mise en valeur.

« Les agriculteurs québécois ont pris le virage agroenvironnemental... »

Ou la belle au bois dormant

L'industrie agricole nous parle sans relâche du virage agroenvironnemental qu'elle a entrepris. En quoi consiste-t-il au juste ?

Réduction des pesticides

La stratégie phytosanitaire du ministère de l'Agriculture du Québec avait pour objectif de réduire de 50 % l'utilisation des pesticides en agriculture entre 1992 et 2000. Premièrement, l'objectif n'a pas été atteint bien qu'une réduction d'environ 30 % soit observée. D'autre part, l'utilisation de semences génétiquement modifiées a considérablement augmenté pendant la même période, au point qu'environ 50 % du maïs ensemencé en 2002 est transgénique. Il est certain qu'une plante fabriquant elle-même son herbicide pour éliminer les mauvaises herbes autour d'elle aura moins besoin d'arrosage d'herbicide par la suite. Mais avons-nous pour autant réduit la dose d'herbicides au champ ?

Pratiques culturales de conservation des sols

Le constat est assez simple. Il y a certes des fermes qui laissent une couverture des sols en hiver ou qui plantent des arbres pour réduire l'érosion par le vent, mais il s'agit d'une minorité. Pendant ce temps, la majorité fusionne les champs, agrandissant les surfaces, éliminant les derniers buissons, drainant les dernières parcelles. La superficie des terres ensemencées avec des plantes annuelles — comme le maïs, l'orge ou l'avoine — est en augmentation constante, ce qui laisse les sols dénudés pendant la majeure partie de l'année.

Entreposage des fumiers

On construit des fosses en béton armé sur toutes les fermes, pour éviter que le purin des fumiers repose sur le sol. En même temps, on tente de convertir l'ensemble de toutes les fermes animales à un mode de gestion liquide des fumiers, avec son cortège de problèmes comme l'odeur pestilentielle, la contamination des nappes d'eau, le compactage des sols, les bris de route et autres.

En outre, le ministère de l'Agriculture, des Pêcheries et de l'Alimentation du Québec (MAPAQ) insiste sur le fait que les plans agroenvironnementaux de fertilisation sont fondés sur le principe de l'autoresponsabilisation du producteur. La confiance, c'est bien, le contrôle, c'est mieux...

Chapitre II

Le régime agricole québécois : l'histoire d'un monopole

Quiconque analyse, comme nous venons de le faire, les caractéristiques et les effets néfastes de cette nouvelle agriculture d'affaires, se demande spontanément ce qu'attendent les producteurs et nos gouvernants pour agir avant qu'il ne soit trop tard. En réalité, producteurs et politiciens donnent l'impression de foncer tête baissée sur le mur. Le régime agricole qu'ils ont tissé au cours des années, en partenariat avec l'industrie agroalimentaire et les défenseurs du libre-échange, fournit tous les outils pour une fuite en avant sur la voie du productivisme agricole.

Pour ces gens, la disparition de la majorité des fermes et des producteurs, la contamination de l'eau potable, la détérioration de l'alimentation, le bâillonnement de la démocratie locale, la désintégration des campagnes sont des conséquences inévitables du progrès. Il faudra trouver des aménagements, mais il n'est pas question de remettre les objectifs en question.

Avant de tracer les grandes lignes de l'alternative paysanne à cette agriculture industrielle, il est essentiel de rappeler les principaux éléments de ce régime agricole qui soutient le développement du modèle industriel agricole chez nous.

Un choix de l'UPA et du gouvernement québécois

Née pour défendre l'agriculture traditionnelle dans les années 1930, l'UPA a accompagné et modelé la mise en place de l'agriculture moderne après les années 1950. Il faut lui reconnaître le mérite d'avoir bâti un ensemble remarquable d'outils de défense et de développement pour les agriculteurs :

- Une puissante organisation comportant les syndicats de base et les fédérations régionales, les syndicats et fédérations spécialisés, et la Confédération elle-même ;
- Un régime syndical qui fait de cette organisation le syndicat unique et obligatoire de tout producteur agricole qui met en marché pour 5000 $ et plus de produits ;
- Le contrôle de la mise en marché d'une grande partie de la production agricole (qui totalise annuellement plus de 5 milliards de dollars) par des plans conjoints et des agences de vente obligatoires, assortis d'un système de quotas de production au besoin, gérés par les fédérations spécialisées de l'UPA sous le couvert de la Loi sur la mise en marché des produits agroalimentaires et de la Régie des marchés agricoles ;

- Le contrôle d'une grande partie de la transformation et de la distribution par les grandes coopératives sœurs ;
- Des garanties et des privilèges exceptionnels inscrits dans la Loi sur la protection du territoire et des activités agricoles (loi 23) et ses amendements (loi 184), ainsi que dans la Loi sur l'aménagement et l'urbanisme ;
- La gestion conjointe de la nouvelle Financière agricole qui regroupe tous les outils financiers au service de l'agriculture (assurances, prêts, fonds, etc.) ;
- Un fonds de défense professionnel ;
- *La Terre de chez nous*, seul journal hebdomadaire spécialisé qui couvre l'actualité agricole et rurale au Québec.

Le virage productiviste

Toutefois, ces outils sont devenus des armes à double tranchant qui se retournent de plus en plus contre les vrais agriculteurs et contre les campagnes.

En effet, depuis les années 1990, dans la foulée de la globalisation de l'économie, de l'ALENA et du Sommet des décideurs de Saint-Hyacinthe, l'UPA, de pair avec le gouvernement québécois et les grandes industries agroalimentaires, a complété le virage productiviste amorcé depuis les années 1950 avec la Commission Héon. (Rappelons que cette commission avait recommandé et planifié la disparition de 100 000 des 140 000 fermes de l'époque pour moderniser l'agriculture québécoise et la rendre « compétitive ».) La production porcine n'étant pas une production contingentée, les producteurs de porcs ont rapidement occupé le marché d'exportation et connu une croissance fulgurante. Ils n'ont pas tardé à prendre le leadership de l'UPA (l'actuel président Laurent Pellerin est lui-même producteur de porcs) et à imposer leur vision d'une agriculture d'affaires plus soucieuse d'exportation que de souveraineté et d'autosuffisance alimentaire.

La puissance du lobby agricole est désormais un fait reconnu. L'UPA a ses entrées directes auprès du premier ministre et du ministre de l'Agriculture. Elle exerce un véritable veto politique auprès du ministère de l'Environnement, du ministère des Affaires municipales et des Municipalités régionales de comté (MRC), et a pratiquement réussi à s'assujettir les municipalités grâce à la Fédération québécoise des municipalités, la plupart des maires ruraux étant liés, bon gré mal gré, à l'UPA. Quant aux citoyens ou aux producteurs qui tentent de lui faire obstacle un peu partout au Québec, ils subissent souvent de sa part des représailles plus ou moins subtiles.

L'UPA n'est pas seule en cause, loin de là. Elle obéit au courant dominant de marchandisation de toutes nos activités et de nos raisons de vivre les plus fondamentales, tout comme nos gouvernements, d'ailleurs, qui abdiquent leur mandat de gardiens du bien commun devant le modèle de développement économique imposé par les multinationales et les grands joueurs du casino monétaire international.

Le virage productiviste s'est concrétisé par une industrialisation et une concentration rapide des fermes : de 90 000 en 1970, le nombre de fermes est passé à

32 000. Il y a actuellement à peine plus de 8000 fermes laitières et on prévoit qu'il n'en subsistera que 4000 d'ici quelques années. Les pressions exercées au sein de l'UPA par les productions lourdes, jointes aux restrictions budgétaires de l'État, ont provoqué cette concentration des fermes favorisées par diverses mesures telles que l'augmentation rapide des seuils d'admissibilité au statut de producteur ainsi qu'aux divers programmes de financement et d'assurances collectives, auxquelles s'ajoutent l'inflation incontrôlée des coûts des quotas de production et des terres et la hausse des normes sanitaires et environnementales. Conséquemment, un nombre considérable de fermes familiales, de petits producteurs, de producteurs marginaux ou à temps partiel, ont été exclus du régime ou condamnés à disparaître à plus ou moins long terme. Il devient chaque jour plus difficile à la relève ou à de nouveaux venus de s'établir sur une ferme.

Il est regrettable qu'une union de cultivateurs — devenus agriculteurs, puis producteurs, puis exploitants agricoles —, se range aussi ouvertement du côté des gros et du pouvoir, du côté de la logique marchande, et démontre aussi peu d'attention envers les petits producteurs qui sont de toute évidence essentiels à la vitalité des campagnes et à la qualité de l'alimentation. Il n'est pas étonnant que beaucoup d'agriculteurs soient en désaccord ou tout au moins mal à l'aise avec le discours productiviste de leurs dirigeants et les résultats d'un tel productivisme. Ils acceptent mal de voir les coopératives qu'ils ont bâties, et dont ils sont membres et actionnaires, jouer sans hésitation le jeu de la concentration, de l'intégration et des fusions, au détriment parfois odieux des intérêts de leurs membres locaux et régionaux, comme on l'a récemment vu dans la destruction de l'industrie fromagère au Lac-Saint-Jean par les transactions de Nutrinor et Agropur.

Avec raison, de plus en plus de citoyens s'inquiètent de voir nos gouvernements livrer nos régions rurales sans discernement à l'agriculture industrielle. Les effets pervers de ce modèle dans lequel nous sommes engagés nous menacent tous et exigent un réveil vigoureux et rapide. Les citoyens craignent avec raison de voir se reproduire dans le domaine de l'agriculture ce qui s'est produit dans les secteurs de la forêt et de la pêche. Les impacts d'une telle agriculture sur la qualité de vie des personnes et du pays risquent de nous coûter très cher et soulèvent une profonde réprobation de la part d'un nombre croissant de citoyens à laquelle les dirigeants économiques, politiques et agricoles ne pourront pas faire indéfiniment la sourde oreille.

Dans la mesure où elle cautionne sur le terrain ce mouvement de marchandisation de l'agriculture entrepris par les dirigeants économiques et soutenu par nos gouvernements, l'UPA porte une lourde responsabilité. Il est inévitable qu'on remette en question son monopole syndical: ceux qui préconisent un autre modèle agricole, l'agriculture paysanne, ont le droit d'être représentés par une union qui reflète leur vision de l'agriculture.

Le monopole syndical de l'UPA

La Loi sur les producteurs agricoles adoptée en 1972 statue qu'une seule association sera accréditée et que tout producteur agricole est tenu de lui verser la cotisation qu'elle fixera, sans pour autant être obligé d'en devenir membre. Le montant de ventes extérieures requis pour avoir le statut de producteur était à l'origine de 1000 $ et est maintenant de 5000 $. La tendance est de restreindre de plus en plus le statut de producteur et de ne considérer comme producteurs que les exploitants industriels. Nous croyons au contraire qu'il faut ouvrir le statut d'agriculteur à tous ceux qui cultivent la terre et produisent des aliments, y compris la production visant l'autosuffisance.

Plus de 90 % des cotisants à l'UPA sont inscrits comme membres. La distinction entre cotisant et membre n'est pas connue ni évidente, et semble avant tout une astuce juridique visant à faire croire qu'on respecte la liberté d'association, qui est un droit reconnu dans la Déclaration universelle des droits de l'homme et dans les chartes des droits. En 1995, le premier ministre Jacques Parizeau ajoutait un amendement qui fait du paiement de cette cotisation une condition pour avoir droit à certaines subventions, comme le remboursement de taxes foncières. La Régie des marchés est autorisée à statuer sur le statut légal de producteur d'un individu en cas de litige et l'UPA y a recours fréquemment avant de poursuivre les récalcitrants devant les tribunaux et saisir leurs biens. En 20 ans, 4189 poursuites ont été intentées par l'UPA contre des producteurs membres. La cotisation de l'UPA est de 275 $ pour un individu et le double pour une entreprise.

Ce monopole de représentation syndicale avec obligation de cotisation pour tous les producteurs a été contesté en cour supérieure par M. Maurice Lapalme, en 1988 ; il a été confirmé par le juge Jean-Jacques Croteau, qui a jugé qu'il n'était pas opportun de diviser le mouvement agricole devant les pressions accrues de la mondialisation et qu'il n'y avait pas déni de liberté d'expression : « *La raison d'être de l'UPA, dit le jugement, est plus qu'essentielle parce que le monde agricole, un secteur atomistique, se trouve aujourd'hui dans un des moments les plus importants de son histoire.* [...] *Il serait illusoire d'instaurer au Québec un syndicalisme pluraliste avec cotisations syndicales volontaires à cause des caractéristiques spécifiques du secteur agricole.* [...] *L'UPA demeure le meilleur véhicule pour défendre les intérêts d'ordre économique et social des producteurs agricoles.* [...] *Son accréditation unique lui a donné une force de représentation qu'on ne retrouve pas ailleurs au Canada et sans son mode de financement actuel, elle n'aurait pas pu atteindre tous ses objectifs.* »

Le Québec est apparemment le seul pays où persiste une situation de monopole syndical en agriculture. En France, le syndicat agricole unique qui avait été établi par le régime fasciste de Pétain pour assurer la collaboration des agriculteurs à la guerre, a été aboli au début des années 1990 sous la pression de la Confédération paysanne. Au Québec, on peut penser que le syndicat unique est le résultat de l'idéologie nationaliste qui conférait aux Canadiens-français une vocation messianique à titre de petit peuple d'agriculteurs catholiques et français isolé au cœur d'une Amérique industrielle, protestante et anglaise. Pour survivre et être fidèle à sa triple mission, notre peuple devait s'unir autour de sa foi, de sa langue et de sa vocation agricole, se solidariser autour de ses dirigeants, toute division ou divergence d'opinion prenant vite l'allure d'une trahison susceptible de mettre en péril la survie de la nation et la réussite de son mandat. Ce nationalisme qui interdit presque de penser pour ne pas compromettre la survie nationale est encore présent de nos jours.

Dans ce contexte, l'Union des cultivateurs catholiques (UCC) a été perçue dès sa création comme un ciment national. Il n'est pas étonnant qu'il ait paru tout naturel de conférer en 1972 à l'UPA (qui avait succédé à l'UCC) le statut de syndicat agricole unique et obligatoire. Mais le Québec d'aujourd'hui et la situation de l'agriculture et du syndicalisme agricole ne sont plus ceux des années 1970. La société québécoise n'est plus homogène mais pluraliste et ouverte. Dans le contexte de la mondialisation, deux conceptions opposées de l'agriculture s'affrontent et ont le droit d'être représentées. Un grand nombre de producteurs s'opposent aujourd'hui à ce monopole syndical de représentation et de gestion de la mise en marché, et souhaitent qu'on rétablisse la liberté de représentation, la liberté de mise en marché et la liberté d'expression et d'opinion. Ils n'ont toutefois pas la possibilité de faire valoir leur point de vue. En effet, la confusion qui s'est installée, à la faveur de ce monopole, entre la fonction syndicale de l'UPA et son rôle de gestionnaire de la mise en marché, confère à celle-ci un contrôle démesuré tant sur la production que sur le producteur, et enlève concrètement toute possibilité à ses membres de s'opposer sans risquer de subir des préjudices. L'UPA est à la fois le syndicat, le patron et le juge.

Les conséquences politiques d'un tel monopole sont considérables. Le syndicat unique et obligatoire fait en sorte qu'il n'y a actuellement aucune opposition officielle au modèle industriel d'exportation et de concentration en agriculture. Le système de syndicat unique a permis un contrôle absolu de toute l'économie agricole par l'UPA, qui dicte maintenant sa loi à l'État. Le citoyen n'a pas de pouvoir sur cette puissance corporative devenue un État dans l'État.

Comme ailleurs au Canada et partout dans le monde, comme cela se fait dans l'industrie de la construction, par exemple, il faut réintroduire la possibilité pour tous les agriculteurs et tous les citoyens qui s'intéressent à l'agriculture et à ses enjeux, de choisir le syndicat accrédité qui les représentera. L'obligation de cotiser à un des syndicats accrédités (selon la formule Rand) peut demeurer.

Nous croyons qu'il s'agit d'abord d'une question politique. C'est une loi qui a créé ce monopole et c'est un amendement à la loi qui devra l'abolir, redonner aux producteurs agricoles le droit d'adhérer à l'association de leur choix et redéfinir les conditions d'accréditation d'une association représentative dans le secteur de l'agroalimentaire. Le rétablissement de la liberté d'association est une condition essentielle à un débat constructif sur nos politiques agricoles, rurales et alimentaires.

Le « droit de produire »

La Loi sur la protection du territoire et des activités agricoles (loi 23) établit les usages autorisés en zone blanche et en zone verte, en accordant la priorité aux usages agricoles en zone verte. Malheureusement, en raison des pressions exercée par l'UPA sur la Commission de protection du territoire agricole et sur les ministères concernés, cette priorité est devenue en pratique une exclusivité et un monopole.

D'autre part, la loi 23 accorde un statut spécial d'immunité légale aux agriculteurs qui exercent leur métier en respectant les normes établies par le ministère de l'Environnement et les municipalités qui exercent leur pouvoir d'aménagement à l'intérieur des balises établies par le ministère de l'Environnement et les orientations gouvernementales à cet effet. En d'autres mots, l'agriculteur n'est plus exposé aux poursuites s'il observe les normes. C'est ce que l'UPA a appelé le droit de produire. Mais dans la mesure où les normes sont inadéquates pour protéger l'environnement et l'aménagement équilibré d'un territoire, ce droit de produire peut rapidement devenir un droit de polluer, un droit antidémocratique qui permet à un individu ou à un groupe restreint d'individus de tenir une communauté en otage.

Or, les normes en question, nous le verrons plus loin, sont l'objet de puissantes pressions à tous les niveaux de la part de l'UPA, et, conséquemment, inadéquates.

« L'UPA regroupe et défend tous les producteurs, qu'ils soient gros ou petits, biologiques ou conventionnels, marginaux ou dominants... »

Ou le mythe de l'égalité de traitement

Tous sont égaux pour l'UPA, mais certains le sont plus que d'autres... En voici quelques exemples :

- Certains producteurs ont reçu du quota de production de lait ou de volaille gratuitement alors que les nouveaux venus en production laitière paient 30 000 $ par vache pour accéder à ce même privilège ;
- Il faut vendre au moins 300 porcs par an pour avoir droit aux subventions ;
- Les producteurs biologiques doivent payer de leur poche leur inspection et leur certification ;
- Plus de 4000 fermes au Québec sont « trop petites » pour l'UPA ;
- Un fermier à temps partiel n'a pas le droit d'acheter une partie d'une autre ferme ni de construire sa maison sur sa propriété. Ce sont des privilèges laissés aux agriculteurs à temps plein ;
- Tous ceux qui ont essayé d'obtenir du financement ou de l'aide pour des projets sortant de l'ordinaire (c'est-à-dire de la production laitière ou porcine) connaissent le mythe de l'égalité de traitement !

> L'UPA est à la fois le représentant syndical de ses membres, l'acheteur de leurs produits ainsi que le gestionnaire du financement et de la mise en marché. En cas de litige, le syndicat va-t-il se poursuivre lui-même ? Il faut de toute évidence remettre en question ce monopole syndical, permettre à chaque producteur de choisir son organe de représentation. Nul besoin d'aller très loin pour trouver le pluralisme syndical en agriculture : nos voisins de l'Ontario reconnaissent trois associations !

La situation catastrophique des surplus de lisier de porc en est une démonstration éclatante. De plus, considérant que les citoyens et les élus municipaux abusaient de leurs pouvoirs, mal définis, pour freiner l'expansion des fermes et de l'industrie porcine, l'UPA, de mèche avec la Fédération québécoise des municipalités et malgré l'opposition de la plupart des groupes représentatifs en Commission parlementaire, a fait voter la loi 184, une loi qualifiée d'hypocrite par le Barreau lui-même, qui permet en pratique d'annuler rétroactivement le pouvoir des municipalités de réglementer l'activité agricole sur leur territoire. Cette loi 184 peut être comparée à l'article 11 de l'ALENA en ce sens qu'elle assure qu'aucune réglementation locale ne pourra nuire aux investissements agricoles. Forte de cette loi, l'UPA a annoncé son intention de poursuivre des municipalités qui ont réglementé pour protéger l'aire de captage de leur aqueduc municipal.

Cet ensemble législatif que l'UPA a pris l'habitude d'appeler son droit de produire laisse entendre que la zone agricole, soit plus de 90 % de la campagne québécoise, appartient strictement aux producteurs agricoles, même s'ils constituent moins de 10 % de la population rurale. Tous les autres ruraux qui y travaillent et y vivent sont considérés, dans les récentes orientations gouvernementales, comme des « irritants » pour les usages agricoles prioritaires. Ils n'ont donc aucun droit ni place, et doivent tout accepter. Un tel concept mène inévitablement au dépeuplement des campagnes. La cohabitation des usages en milieu rural est essentielle à la nouvelle économie rurale. Les ressources de la campagne forment un tout et la zone verte n'est pas une sorte du mur de Berlin. L'air, l'eau, le patrimoine rural, le peuplement, les écosystèmes naturels et sociaux n'obéissent pas à une telle frontière.

La solution réside dans une agriculture sociale et dans la démocratie locale, comme nous le verrons au chapitre III. Les conflits résultent de pratiques industrielles protégées et soutenues par les pouvoirs publics au mépris le plus total du droit des communautés et de leurs élus locaux de se prononcer, par référendum au besoin, sur l'aménagement de leur territoire et l'implantation de projets qui affectent toute la vie de leur milieu.

Le zonage agricole

La Commission de protection du territoire agricole applique un autre volet de la loi 23 : le contrôle des usages admis en zone verte et en zone blanche, dans le but d'assurer la pérennité des terres agricoles. Elle est devenue en pratique l'instrument privilégié dont se sert l'UPA pour s'assurer l'usage exclusif de toute la zone verte.

Le problème de la préservation des terres agricoles se pose différemment dans les régions périurbaines et dans les régions périphériques. Dans les premières, le rôle de la Commission est de freiner l'envahissement des meilleures terres du Québec par un étalement urbain injustifié. (Encore que si près de 90 % de la population se retrouve dans les villes, il faille bien mettre tout ce monde quelque part et lui assurer un espace vital de qualité.) À ce chapitre, on a souvent reproché à la Commission d'être trop conciliante avec les promoteurs urbains. Par ailleurs, les dirigeants agricoles qui crient facilement au scandale à ce sujet ne semblent pas avoir déployé beaucoup d'efforts pour s'assurer que dans les espaces de zone agricole importants qui font partie des grandes communautés urbaines se développe un type d'agriculture qui puisse cohabiter et s'adapter aux populations urbaines voisines. Il n'est pas souhaitable ni intelligent de faire sur l'île Jésus, à Laval, le même type d'agriculture intensive que dans la plaine de Saint-Hyacinthe. Les grandes villes semblent disposer d'une réserve de terrains pour plusieurs années et n'avoir déposé que très peu de nouvelles demandes de dézonage ces derniers temps.

Par ailleurs, dans les régions périphériques, qui se dépeuplent dramatiquement, l'intransigeance et le manque d'ouverture de la Commission engendrent un profond ressentiment dans les communautés rurales.

Au nom du respect de l'« homogénéité » du milieu agricole, la Commission interdit en zone verte tout usage non agricole et toute nouvelle résidence autre que d'agriculteurs professionnels, et refoule tout ce qui n'est pas agricole dans les zones blanches des villages de plus en plus restreintes et cernées par des entreprises agricoles industrielles. Sous prétexte donc de préserver l'homogénéité du milieu agricole, qui vise en pratique à permettre aux agriculteurs d'agir à leur guise en zone verte sans avoir à se soucier des voisins et du milieu, on est en train de détruire l'homogénéité du milieu et des communautés rurales et d'accélérer le dépeuplement et la désertification des villages. Quand les gens voient leur école fermer par manque d'enfants, leurs jeunes s'exiler, leurs services disparaître l'un après l'autre, tandis que la Commission empêche des familles de s'installer sur des terres impropres à l'agriculture ou leur refuse le droit d'acheter un morceau de terre et de développer un projet d'agriculture paysanne, artisanale ou à temps partiel, il y de quoi se révolter. Quant ces ruraux de longue date se font dire par des dirigeants de l'UPA : « Allez-vous-en si vous n'êtes pas contents : la zone verte, c'est pour l'agriculture ! », il y a de quoi douter de l'intégrité de la Commission. On nous interdit de nous construire une maison sur une terre de moins de 100 hectares, nous soupçonnant de ne pas vouloir vraiment faire de l'agriculture. Il est pourtant peu probable que quelqu'un achète 12 hectares, par exemple, dans la seule intention d'y entretenir un gazon.

La Commission se montre toujours favorable à des consolidations de terres visant à agrandir une ferme ;

mais elle s'oppose systématiquement au morcellement d'une terre visant à multiplier le nombre de fermes. Par ailleurs, quand elle permet à des projets de plusieurs centaines d'unités animales de s'établir, avec gestion liquide des fumiers et sans tenir compte du milieu et de la communauté environnante, elle contribue directement à la désertification du territoire. Autour de chacun de ces projets se crée un vide. Le père du zonage agricole, l'ex-ministre de l'Agriculture Jean Garon, affirmait récemment que ce n'est pas l'urbanisation qui exerce une pression sur la zone verte, mais plutôt les grands élevages porcins en quête de terres pour épandre leur purin. Effectivement, au cours de 2002, moins de 200 hectares ont été dézonés à des fins résidentielles, pour la plupart hors de Montréal et Québec. Par ailleurs, on a dézoné des milliers d'hectares pour des projets industriels, sans compter les morcellements ou consolidations reliés à des projets agricoles industriels.

La Commission devrait distinguer entre les projets agricoles qui dynamisent la zone agricole et les projets industriels qui la vident, ne pas réduire les projets agricoles aux projets industriels et s'assurer que ces derniers ne vont pas compromettre le fonctionnement régulier de l'agriculture et de la vie rurale et transformer la zone verte en parc industriel.

Les objectifs de la Commission devraient inclure l'occupation du territoire, ce qui exige l'admission de résidants et d'usages non agricoles dans les parties de la zone verte qui ne présentent pas un haut potentiel agricole. Sans quoi ce ne sont pas seulement les usages non agricoles qui seront éliminés, mais l'agriculture et les villages eux-mêmes ! Il est urgent que la Commission cesse de faire le jeu de l'UPA et des intégrateurs agricoles et révise sa façon d'interpréter la priorité accordée aux activités agricoles.

Le financement de l'agriculture par l'État

L'agriculture est un secteur majeur de l'économie québécoise, les ventes de produits agricoles dépassant les 5 milliards de dollars. Mais elle est aussi le secteur le plus subventionné, aux deux paliers de gouvernement, par l'intermédiaire d'un grand nombre d'outils et de programmes destinés aux producteurs agricoles : crédit agricole, aide à l'établissement et à l'amélioration des terres, remboursement de taxes diverses, assurances pour les récoltes, le bétail et le revenu, aide en agroenvironnement (fosses à fumier, clubs agroenvironnementaux, réfection des cours d'eau, etc.), assurance pour les soins vétérinaires, subvention pour le lait, aide à la mise marché, etc. On estime actuellement à plus de un milliard de dollars par année ces contributions publiques à l'agriculture québécoise. D'après les données du ministère de l'Agriculture en 1998, ces montants équivalent à 50 % du revenu net moyen des agriculteurs.

Comment ces fonds colossaux sont-ils orientés et quel type d'agriculture favorisent-ils ? La vérité est accablante. Notre modèle de soutien financier aux agriculteurs favorise systématiquement les grosses entreprises, la concentration, les productions de masse et d'exportation, en un mot, l'agriculture intensive. Les petites exploitations ne sont pas admissibles à l'aide parce que jugées non viables, même si toutes les études démontrent le contraire : plus la ferme est industrielle, en effet, moins ses marges de profit sont grandes. Il y a peu ou pas de programmes de soutien pour les exploitations marginales, l'agriculture biologique, la transformation et la mise en marché locale, la ferme qui désire rester familiale et faire vivre sa famille avec un minimum de qualité de vie.

Les programmes de financement, d'aide, d'assurance et de mise en marché ne tiennent aucun compte de la taille de la ferme : le petit doit répondre aux mêmes conditions que le gros. C'est le chiffre d'affaires et le volume de production qui comptent. Les versements sont calculés en fonction du volume de production : plus grande est la ferme, plus les versements sont élevés. On calcule les coûts de production en fonction des grandes entreprises, sans tenir compte du fait qu'il coûte plus cher de produire pour le petit agriculteur gaspésien que pour le gros exploitant d'une région plus chaude et fertile.

Le bilan parle de lui-même. D'après les données du ministère de l'Agriculture en 1998, 13 % des producteurs dont le chiffre d'affaires dépasse 250 000 $ raflaient 50 % des aides gouvernementales, l'autre 50 % des subventions étant partagé entre 85 % des fermes dont le chiffre d'affaires est inférieur à 250 000 $; quant aux 37 % qui avaient un chiffre d'affaires inférieur à 50 000 $, ils devaient se contenter de 7 % du gâteau. La situation se détériore rapidement pour les fermes de plus petite taille : en effet, selon des statistiques plus récentes, le pourcentage des fermes ayant un chiffre d'affaires inférieur à 250 000 $ serait passé de 85 % à 63 % au cours des dernières années.

La logique d'un tel système est claire: grossir ou disparaître. Elle accrédite l'idée erronée que les petits producteurs, qui s'adonnent souvent aux productions les plus intéressantes, ne sont pas rentables et vendent leurs produits trop cher. En réalité, les entreprises de grande taille sont viables et les produits industriels sont bon marché parce qu'ils sont subventionnés.

On fait de plus en plus appel à une consommation responsable et on a raison de le faire, car il est certain que les choix des consommateurs peuvent influencer la production. L'Europe en a fait la preuve en ce qui a trait aux OGM. Il est vrai aussi que nous devrons apprendre à consacrer collectivement davantage de ressources et d'attention à notre alimentation. Cependant, le consommateur est d'abord un citoyen, et comme citoyen, il ne peut ignorer le fait que, si l'aide publique était dirigée vers ceux qui font une agriculture propre et des aliments sains, les producteurs paysans se multiplieraient et les produits paysans seraient vendus à des prix raisonnables. Il n'y a aucune raison pour laquelle les consommateurs ordinaires devraient se contenter d'aliments industriels de qualité inférieure et souvent carrément dangereux. Tout le monde a le droit d'avoir accès à une alimentation saine à un coût raisonnable. C'est à cela qu'est censé servir l'argent de nos impôts consacré à l'agriculture.

L'enjeu est d'abord politique. Tous les pays européens qui veulent freiner les effets néfastes de l'agriculture productiviste adoptent le principe de modulation dégressive des aides de l'État à l'agriculture ou le principe de rémunération de la multifonctionnalité de l'agriculture : la ferme familiale qui adopte des pratiques agricoles respectueuses de l'environnement et profitables à la communauté a droit au maximum de l'aide ; par contre, les prestations diminuent à mesure que la taille et les coûts environnementaux et sociaux de l'entreprise augmentent. La ferme industrielle ne reçoit plus d'aide de l'État : elle est considérée comme une industrie et relève du ministère de l'Industrie.

C'est dans cet esprit que les ministres allemand (Mme Renate Künast) et français (M. Jean Glavany) de l'agriculture déclaraient le 30 juillet 2001 :

> Nous voulons rendre obligatoire à l'échelle de l'Europe un mécanisme communautaire de modulation ou de dégressivité des aides. [...] Cette orientation doit s'appuyer sur le mécanisme fondamental du basculement de l'effort budgétaire depuis les aides directes au marché liées à la production vers l'environnement, le développement rural, la qualité, le bien-être des animaux. Nous allons engager un débat sur la réorientation des soutiens de la Politique agricole commune vers le développement rural et l'agriculture extensive. [...] Encourager l'agriculture biologique pour qu'elle représente une plus grande part de la consommation, et l'agriculture conventionnelle, pour qu'elle augmente ses standards de production en matière de qualité, d'environnement et de protection des animaux. La priorité doit être de produire mieux, pas de produire plus.

Les formules varient selon les pays. La France expérimente les Contrats territoriaux d'exploitation, la

Hollande applique un système de compensation en fonction des coûts sociaux et environnementaux assumés par l'entreprise. La Suisse applique systématiquement une nouvelle politique agricole basée sur le principe de la rémunération des contributions sociales et environnementales de l'entreprise : sorte d'éco-socio-conditionnalité intégrale. (Pour plus de détails sur l'inté ressant virage de la Suisse, voir l'appendice IV.) Toutes ces nouvelles politiques agricoles privilégient l'occupation du territoire, la ferme familiale, la sécurité alimentaire, les pratiques respectueuses des sols, des plantes, des animaux et de l'environnement.

Nos politiques agricoles, au contraire, sont encore assujetties à la loi du marché et donc du plus gros. Il importe de prendre collectivement conscience que les politiques d'aide publique sont un outil puissant pour orienter l'agriculture. (L'appendice IV traite du financement de l'agriculture au Québec). Les citoyens ont le droit de dire leur mot sur l'utilisation de ces fonds publics qui devraient assurer une alimentation saine accessible à tous. Peu de citoyens savent que leurs impôts consacrés à l'agriculture favorisent la quantité au détriment de la qualité, le producteur industriel au détriment du producteur paysan, l'agriculture qui vide et dégrade nos campagnes plutôt que l'agriculture qui construit et entretient le pays.

La Financière agricole

La création récente de la Financière agricole risque de compliquer considérablement la réforme de nos politiques de financement agricole. Cet organisme paragouvernemental doit gérer l'ensemble des programmes de soutien financier à l'agriculture, soit des budgets de plus de 10 milliards de dollars au cours des prochaines années. Le gouvernement québécois, qui fournit la majeure partie des fonds de la Financière (80 % des fonds), en a cédé en pratique le contrôle à l'UPA, qui y occupe la moitié des postes, dont la présidence. Dans le contexte du monopole syndical actuel de l'UPA et du poids de son lobby, la Financière risque de se comporter davantage comme la banque privée de l'organisation que comme le levier d'une véritable politique agricole de l'État. Il n'est guère étonnant que le président de l'UPA, Laurent Pellerin, ait salué triomphalement l'avènement de la Financière agricole comme la clé de voûte de l'édifice construit par l'UPA pour assurer le contrôle de l'agriculture par les producteurs.

Les pièces majeures de cet édifice destiné à soutenir le revenu des agriculteurs, soit le crédit agricole et les assurances agricoles, incitent fortement à l'industrialisation et à la concentration des fermes. Le crédit agricole n'est accordé qu'aux projets d'envergure industrielle, seuls jugés viables. Quant aux assurances agricoles, les prestations en sont versées en fonction des volumes de production, sans plafonnement; les coûts de production de référence sont établis en fonction des coûts de production des exploitations de grande taille, forcément moindres que ceux des fermes familiales, surtout si elles sont situées en région périphérique. On est loin du principe de modulation dégressive!

L'analyse du système de financement actuel en agriculture nous aide à mieux saisir l'importance de rétablir la liberté d'association et la pluralité de représentation agricole pour éviter que toute la politique agricole ne nous échappe et relève d'un syndicat unique et tout-puissant, devenu une sorte d'État dans l'État, et qui pèse de tout son poids en faveur d'une agriculture industrielle. Avec la création de la Financière agricole, contrôlée par la plus importante organisation corporative au Québec, la réforme de nos politiques agricoles risque d'échapper en grande partie à nos représentants politiques élus.

Le contrôle de la mise en marché

L'autre pilier construit par l'UPA pour soutenir le revenu des agriculteurs est le contrôle de la mise en marché, ou gestion de l'offre. Ce contrôle de l'offre, qui vise à obtenir une mise en marché « efficace et ordonnée » et des prix décents pour les producteurs, se fait grâce à la mise en place par les syndicats de producteurs de l'UPA, sous l'égide de la Régie des marché agricoles, de plans conjoints de mise en marché dans chaque secteur de production. Ces plans conjoints sont assortis, selon le cas, d'agences de vente uniques et obligatoires, avec conventions négociées avec les acheteurs, encans électroniques centralisés et système de quotas pour contingenter la production et les importations. Selon la loi, la mise en marché est confiée à un office de producteurs indépendant. Mais comme tous les producteurs sont obligés de cotiser à l'UPA, la Régie des marchés confère le rôle d'office de producteurs au syndicat spécialisé (ou Fédération) de l'UPA.

Il existe actuellement 35 plans conjoints grâce auxquels les syndicats spécialisés de l'UPA, uniques et obligatoires, gèrent et contrôlent pratiquement en totalité la mise en marché de la production agricole et forestière privée. Le producteur vend sa production à son syndicat et reçoit de lui son paiement. Des montants sont prélevés par le syndicat, aux différents stades du processus, pour couvrir les frais nécessaires à la commercialisation des produits. Ces montants sont de l'ordre de 10 % en moyenne.

Un tel système, largement ignoré du public, confère un pouvoir financier et politique considérable aux syndicats de l'UPA. Il donne également au syndicat un pouvoir absolu sur ses membres, puisqu'il est le seul agent autorisé à commercialiser leurs produits. Sans que nous nous en rendions compte, l'économie agricole québécoise fonctionne en vase clos, selon un régime d'économie contrôlée par un syndicat unique et obligatoire qui s'apparente davantage à l'économie planifiée de la Russie soviétique des années 1950 qu'à l'économie libérale actuelle.

Ce système, vanté par les dirigeants de l'UPA et qualifié de modèle québécois faisant l'envie des agriculteurs d'ailleurs a certes permis, dans le passé, de soutenir le revenu des agriculteurs et de les protéger des caprices du marché et de la compétition des voisins. C'est d'ailleurs pourquoi il est remis en cause dans les accords de libre-échange qui y voient une concurrence déloyale et un obstacle à la libéralisation des marchés agricoles; d'une part, il limite l'importation des produits agricoles étrangers (le lait, notamment) et, d'autre part, il favorise la surproduction et l'exportation des surplus à des prix déficitaires.

Cependant, dans un contexte de globalisation et de concentration des entreprises agricoles, force est d'admettre que ce système a des effets pervers de plus en plus évidents et engendre un mécontentement grandissant tant chez les producteurs que chez les consommateurs. De façon générale, ce régime n'a pas permis d'orienter l'agriculture vers des objectifs sociaux souhaitables, comme la protection de la ferme familiale et de sa relève, l'occupation du territoire, l'autosuffisance alimentaire et la protection de l'environnement. Il a même engendré des effets contraires. Le système de contrôle obligatoire de l'offre a créé, dans toutes les productions, des monopoles de plus en plus lourds, contraignants et coûteux, qui laissent peu ou pas de marge pour la transformation et la mise en marché locale et régionale. Il favorise la concentration, l'industrialisation et la standardisation des produits alimentaires, au détriment de la diversité locale et régionale, de la transformation et de la vente à la ferme, des entreprises régionales, de l'originalité et de la qualité caractéristiques des produits.

De plus en plus de producteurs supportent mal cette perte d'autonomie et de liberté face à des organisations syndicales centralisées qui se comportent souvent à leurs yeux comme des entreprises plus soucieuses de rentabiliser et de contrôler que de défendre tous leurs membres, y compris les plus petits et les plus éloignés. Leur syndicat est devenu leur patron, et un patron qui n'hésite pas à poursuivre et à saisir les membres récalcitrants qui tentent de contourner le système, à fermer des entreprises régionales et à favoriser l'intégration des fermes si cela est plus rentable pour lui. Ils se sentent pris en otage dans un système où ils ne sont plus qu'un numéro ou un code électronique. Ils ont le sentiment de ne plus avoir le contrôle de leur ferme, d'être mal informés, peu consultés et écoutés. Le récent système de traçabilité instauré en est un bel exemple : en exigeant d'installer une boucle à l'oreille de tout animal dès sa naissance à la ferme plutôt qu'au moment où il la quitte, le syndicat démontre que ce qui l'intéresse avant tout, ce n'est pas la sécurité alimentaire mais un outil qui lui permet de s'assurer qu'aucun animal n'échappera à son agence de vente unique et obligatoire et aux prélevés qui l'accompagnent. Les syndicats spécialisés n'hésitent pas à qualifier de commerce au noir tout ce qui échappe à leur canal unique de mise en marché.

Qui plus est, force est d'admettre que ce système joue de plus en plus en faveur de la concentration des fermes au détriment de la ferme familiale à échelle humaine. Les quotas, en vente libre, sans plafond ni modulation, sont devenus si chers qu'ils ne sont accessibles qu'aux mieux nantis, ce qui favorise la concentration de la production entre les mains des plus gros et des intégrateurs, dans les régions les plus productives. Le prix des terres a grimpé en conséquence, de sorte que le transfert des fermes à la relève ou à de nouveaux venus est de plus en plus problématique.

Ce glissement de toute notre agriculture et de nos campagnes vers la concentration industrielle agricole et des méthodes de production soucieuses avant tout de profit commercial inquiète de plus en plus producteurs et consommateurs. Les producteurs, parce que la plupart voudraient pouvoir vivre décemment sur une ferme normale sans avoir à devenir toujours plus gros et à travailler toujours davantage. Les consommateurs, parce qu'ils sont préoccupés par la détérioration de la qualité des aliments, de la santé, de l'eau potable, de l'environnement et de la campagne en général.

L'alternative à un tel système est déjà à l'œuvre dans les pays européens. Elle réside dans une nouvelle façon de soutenir le revenu de l'agriculteur basée sur la rémunération de sa contribution sociale et environnementale (multifonctionnalité de l'agriculteur). Plutôt que de soutenir les prix et de subventionner la production, il faut offrir au producteur une aide conditionnelle à l'adoption d'un modèle de ferme et de pratiques agricoles profitables à la communauté. Cette aide, provenant de fonds actuellement consacrés au soutien du revenu, doit être substantielle et suffisante pour permettre à une famille de vivre de sa ferme agricole ou forestière. Elle tiendra compte de la taille de la ferme, du taux de main-d'œuvre qu'elle utilise, de la valeur ajoutée, des méthodes de culture et d'élevage, du bien-être animal, de l'usage de produits de synthèse et de l'énergie, du type de gestion des fumiers, de la protection des écosystèmes, des boisés et des paysages, etc. Ceux et celles qui acceptent de pratiquer cette agriculture ou cette foresterie paysanne, multifonctionnelle, régie par des cahiers de charges, seront rémunérés en conséquence de façon à en tirer un revenu décent sans devoir toujours grossir. Les producteurs qui opteront plutôt pour une pratique commerciale industrielle devront le faire à leurs frais et financer eux-mêmes leurs outils de mise en marché et les assurances qu'ils voudront bien se donner.

Cette approche permettrait d'orienter l'agriculture tout en respectant l'autonomie des producteurs et les mécanismes du marché et de la libre détermination des prix. Elle entraînerait inévitablement des changements majeurs dans l'agriculture québécoise, tant sur le plan du modèle de ferme privilégié et de la diversification des productions que sur celui de la relance des économies locales et régionales et de la survie des communautés rurales.

Mais il est impossible de penser pouvoir freiner la concentration des exploitations agricoles et réhabiliter la ferme familiale sans modifier la façon de gérer la mise en marché collective. En attendant un changement global d'approche, il faut de toute urgence introduire diverses modulations dans la gestion de la mise en marché de façon à limiter la spéculation, assurer aux diverses régions un pourcentage garanti pour leurs producteurs et pour la transformation locale, réserver un pourcentage de quota pour la relève, les jeunes, les nouveaux producteurs et les productions artisanales, dégager une marge suffisante (10 000 $ ou 5 %) pour les ventes à la ferme, hors quota et hors convention, soutenir l'agriculture biologique (notamment par le remboursement des frais de certification et une prime de 10 % sur les ventes de produits biologiques certifiés).

Tous ces changements seront extrêmement difficiles à réaliser tant que les offices de producteurs resteront identifiés à un syndicat unique au lieu d'être gérés par les représentants de plusieurs associations accréditées. La liberté de représentation apparaît donc ici aussi comme une condition essentielle à l'amélioration de la situation.

Les normes agroenvironnementales

Dans un régime où l'UPA et le gouvernement cautionnent et favorisent un modèle d'agriculture intensive et spécialisée, en quête de marchés d'exportation, quelle garantie ont les citoyens que l'environnement sera respecté et que le droit de produire ne deviendra pas le droit de détruire et de polluer ? Que l'eau, l'air, les sols, les boisés, les rivières, les paysages, le patrimoine et la vie rurale ne seront pas sacrifiés aux ambitions de ces nouveaux barons de la campagne ?

Pouvons-nous compter sur le ministère de l'Environnement et les ministères des Affaires municipales, des Régions, de la Culture et du Tourisme pour prévenir les menaces que fait peser l'agriculture industrielle sur le milieu et l'environnement rural ? Force est de reconnaître que, malgré un discours rassurant, le bilan est désastreux. Le loup a beau se déguiser en grand-mère, les oreilles dépassent et les grandes dents sont toujours là pour mieux nous dévorer...

Dans les faits, nous ne sommes à peu près pas protégés. Le poids du ministère de l'Environnement n'a pas cessé de décroître depuis l'entrée en vigueur de l'ALENA en 1994. Les crédits de ce ministère ont été amputés de 65 % et ne représentent même plus 1 % des dépenses du gouvernement. À la suite des travaux du Comité sur la déréglementation, dirigé par nul autre que Bernard Lemaire (p.d.-g. de Cascades), le ministère de l'Environnement privilégie l'autoréglementation et l'autocontrôle des producteurs plutôt que les normes contraignantes et le contrôle.

Dans la préparation par le ministère de l'Environnement des normes relatives à la réduction de la pollution d'origine agricole, l'UPA et le ministère de l'Agriculture, avec le support au besoin du premier ministre, siègent sur les comités, multiplient les pressions et les menaces et exercent en pratique un veto. Le lobby agricole, de l'aveu des ministres eux-mêmes, est le plus puissant lobby au Québec.

Par conséquent, les lois et règlements dans ce domaine sont inadéquats, insuffisants, incomplets, remplis d'échappatoires et de délais, hors de contrôle. Ils correspondent davantage à une opération de relations publiques qui permettent aux producteurs et au gouvernement de sauver la face qu'à un véritable effort de protection de l'environnement. La sévérité de nos normes environnementales est une véritable légende. Les fonctionnaires du ministère de l'Environnement s'empressent d'ailleurs de rappeler aux citoyens qu'ils ne sont pas là pour protéger l'environnement mais bien pour appliquer les lois et les règlements. Les récentes interventions du ministre Boisclair sur les exploitations agricoles, la politique de l'eau potable, les pesticides, la protection des captages d'eau potable constituent des mesures partielles et souvent trompeuses

« Le modèle agricole québécois, avec son syndicat unique et ses plans conjoints obligatoires, est la condition indispensable au développement de l'agriculture dans un petit pays comme le nôtre... »

Ou comment promouvoir la disparition d'un grand nombre de fermes

Depuis une cinquantaine d'années, le Québec agricole a entrepris de contrôler sa production dans divers secteurs (lait, œufs, volailles principalement) dans le but de stabiliser les prix payés aux producteurs et aussi d'avoir un pouvoir collectif de négociation des prix payés par les acheteurs. Le souvenir n'est pas très loin du temps où chaque fermier se retrouvait isolé et démuni devant un groupe d'acheteurs de plus en plus gros et de moins en moins nombreux.

Évidemment, l'attribution de quotas de production, monnayables de surcroît, a aussi eu des effets indésirables, dont la disparition d'un grand nombre de fermes. De plus, elle laisse le champ libre pour d'autres productions non contingentées, comme le porc. (Il y a fort à parier cependant que lorsque la demande pour le porc se stabilisera, les gros producteurs porcins réclameront des quotas pour protéger leurs acquis et limiter la concurrence.)

Évolution du nombre de fermes par secteur de production

Secteur	1961	1997	Var.
Lait	39657	12952	-67%
Volaille	2236	912	-59%
Autres animaux (bovin, porc, mouton)	7034	8891	+26%
Céréales	185	2517	+1260%
Grandes cultures	1629	1903	+17%
Fruits et légumes	1659	2091	+26%
Divers	586	5355	+814%
Fermes diversifiées	8568	979	-89%
Total	**62497**	**35600**	**-43%**

Il appert en premier lieu que les fermes diversifiées se sont spécialisées entre 1961 et 1997. Les productions sous contingentement que sont le lait, le poulet de chair et les œufs sont précisément les fermes qui ont disparu le plus massivement, alors que toutes les autres productions ont vu leur nombre augmenter.

qui visent davantage à calmer l'inquiétude ou la pression des citoyens qu'à s'attaquer au fond du problème.

Quelles sont les pièces maîtresses de cette réglementation destinée à réduire la pollution d'origine agricole ?

Les odeurs

Les odeurs ne sont pas considérées comme une nuisance mais comme un inconvénient et leur réglementation relève du pouvoir municipal, qui se limite cependant à l'application des distances séparatrices établies par les députés de la Commission parlementaire sur l'Agriculture en 1997. Le reste est laissé à la bonne volonté des producteurs. Or, tout le monde sait que le problème des odeurs est lié à la gestion liquide des fumiers dont nous avons décrit les effets désastreux sur l'air, l'eau et les sols. Loin de favoriser la gestion solide et le compostage des fumiers, le ministère de l'Environnement cède aux pressions de l'industrie qui voit dans le fumier liquide une façon de diminuer ses coûts et sa dépendance du milieu, sans tenir compte des coûts sociaux et environnementaux reliés à une telle pratique. Les normes actuelles encouragent même les producteurs laitiers et autres à se convertir à la gestion liquide, et on les oriente clairement vers des techniques douteuses et coûteuses de traitement de lisier qui ouvrent la porte à la croissance démesurée des cheptels.

L'eau

Comment garantir le respect de la capacité de support des sols et du milieu, donc la qualité des cours d'eau et de l'eau potable ? L'entreposage de quantités énormes de lisier dans des fosses de ciment ne saurait garantir contre les bris, les fuites, les débordements quand le printemps est pluvieux, les accidents de toutes sortes. Le nouveau règlement remplace, pour une bonne partie des établissements, les certificats d'autorisation par un avis de projet signé par un agronome et un ingénieur, et une inspection *post factum* à tous les trois ou quatre ans. La distance protégée le long des cours d'eau est dérisoire : un mètre pour les cultures et trois mètres pour l'épandage.

Pour ce qui est de la capacité des sols à absorber l'azote et le phosphore, principaux polluants de l'eau contenus dans les fumiers, on leurre les gens en leur faisant croire qu'on peut s'assurer de ne pas la dépasser grâce aux Plans agroenvironnementaux de fertilisation (PAEF) pour chaque ferme. Ces plans, établis par le producteur lui-même ou un agronome à sa solde, indiquent les quantités de fertilisants à épandre dans chaque parcelle cultivée en fonction d'une fertilisation maximale des plantes en culture. Mais ces calculs complexes sont souvent sujets à beaucoup d'arbitraire et d'imprécision tant dans les méthodes utilisées que dans l'évaluation des données et les analyses de laboratoire. Ils ne tiennent pas compte de la capacité de support des sols et du milieu dans son ensemble, par exemple de la situation globale du bassin versant ou de la structure hydrographique et démographique dans laquelle s'inscrit la ferme ou la parcelle concernée. L'objectif du plan étant d'abord agronomique, on compense les coefficients de perte en augmentant les doses, de sorte qu'on applique jusqu'au double des quantités nécessaires à la pleine fertilisation des plantes. De plus, personne ne contrôle ces plans, pas plus que leur application sur le terrain et l'évolution des taux réels de contaminants dans les sols et les cours d'eau, de sorte que le producteur peut tricher impunément. Le citoyen ne peut pas exercer de surveillance ni formuler de plaintes puisque les plans de fertilisation sont considérés par la Commission d'accès à l'information comme secrets commerciaux et ne lui sont donc pas accessibles. Dans le récent règlement sur les exploitations agricoles, on accentue encore ce phénomène de privatisation du contrôle environnemental confié à des agronomes et ingénieurs payés par les producteurs.

Les clubs agroenvironnementaux subventionnés par l'État sont aussi des outils volontaires qui ne rejoignent qu'un nombre limité de producteurs — pas forcément les plus gros —, et dont la préoccupation première est le plan de fertilisation obligatoire.

D'ailleurs, la plupart des données sur l'état actuel de la pollution agricole reposent sur les renseignements fournis librement par les agriculteurs eux-mêmes lors de leur déclaration à l'occasion du renouvellement de leur carte de producteur et de la confection du portrait agroenvironnental dressé par l'UPA. Ces données sont rarement validées par des contrôles objectifs, des analyses d'eau, de sol ou d'air qui permettraient d'évaluer la situation réelle. Il est bien sûr essentiel de responsabiliser les producteurs. Mais il faudrait être naïf pour ne pas savoir que la nécessité pour les producteurs et les agronomes de préserver leurs intérêts exerce une pression contre l'environnement. Les normes environnementales sont devenues des « irritants » et représentent des coûts supplémentaires pour les producteurs. Le respect de normes véritables devrait donc être lié à l'obtention de mesures compensatoires s'inscrivant dans un véritable système d'écoconditionnalité. (Pour plus de détails sur le concept d'écoconditionnalité, voir la section sur l'agriculture durable et équitable, au chapitre III.) Dans les faits, on se contente de correctifs qui ne sont que des mesures de mitigation des impacts environnementaux mais ne remettent pas en question les pratiques qui sont à l'origine de la pollution.

La meilleure preuve que les normes sont inadéquates, c'est le bilan agroenvironnemental actuel. Le Bureau d'audiences publiques sur l'environnement (BAPE) a tracé un tableau sombre de la situation de l'eau. Les excédents d'azote et de phosphore empoisonnent toutes les régions centrales du Québec, plus de 1000 municipalités et les bassins versants de la plupart de nos grandes rivières.

Lors de l'adoption de la loi 184, en juin 2001, une première liste de 165 municipalités dites « en surplus » a été publiée, le critère utilisé étant de 20 kg de phosphore en excédent à l'hectare selon les données de 1998 sur l'ensemble des terres, cultivées ou non, dans une municipalité. Depuis, il s'en est ajouté 16 autres. En réalité, si on calcule à partir du seuil de surplus, c'est près de 300 municipalités qui sont touchées. Et on ne comptabilise pas le phosphore provenant des engrais chimiques. En comptant tout, on dépasserait le nombre de 1000 municipalités en surplus.

Dans le nouveau règlement émis en 2002, on pose comme condition à l'ajout de nouvelles unités animales le maintien de l'équilibre du phospore dans les terres utilisées pour l'épandage ou la mise en place d'un système de traitement du lisier. Quant aux surplus accumulés dans les sols, on donne huit ans aux producteurs pour ramener l'équilibre. Et on n'impose aucune limite à la croissance des cheptels par l'achat ou la location de terres dans les zones qui ne sont pas encore saturées. On a même accédé à la demande des producteurs qui exigeaient qu'on tienne compte des effets de l'alimentation de l'animal sur la charge réelle de phosphore des fumiers par des analyses de fumier plutôt qu'en calculant le nombre d'unités animales. Par contre, grâce aux données de l'assurance-stabilisation de la Financière agricole, le ministère de l'Environnement pourra maintenant détecter ceux qui élèvent des bêtes illégales, c'est-à-dire dépassant le nombre autorisé dans leur certificat.

Le traitement du lisier, coûteux et encore impraticable, est la seule voie de solution qu'on nous propose. Et les producteurs refusent d'en assumer les coûts. Il faudrait des centaines d'usines de traitement pour venir à bout des surplus. Cette voie ne peut que conduire à industrialiser encore davantage la production, à la dissocier de l'écosystème agricole et à permettre une croissance dangereuse des cheptels.

D'autre part, le nouveau règlement sur l'eau potable vise à garantir la qualité de l'eau à la sortie du robinet, mais ne s'attaque pas à ce qui pollue l'eau à la source. Dans le contexte d'une réglementation visiblement inadéquate ou inexistante, le principe d'écoconditionnalité inséré dans la loi 184 apparaît bien inutile : lier l'accès à certains programmes agricoles au respect des normes du ministère de l'Environnement n'a de sens qu'en autant qu'on a des normes efficaces, ce qui n'est pas le cas. De plus, le principe d'écoconditionnalité proposé dans la loi 184 comporte beaucoup de limites et laisse place à toutes les interprétations restrictives de la part de la Financière agricole qui est chargée de le mettre en œuvre. Encore une fois, on confie la garde du poulailler au renard lui-même. De tels procédés témoignent de la mauvaise foi de l'État et de ses partenaires et réduisent la réglementation qui devrait nous protéger à une opération de relations publiques destinée à nous faire croire qu'on arrive à protéger les citoyens sans nuire aux objectifs de croissance. Dans les faits, les lois et règlements en place sont des échappatoires et les citoyens qui protestent livrent une bataille perdue d'avance.

Quelques mesures faciles à contrôler et à appliquer nous paraissent essentielles à la réduction de la pollution agricole : limiter le nombre d'unités animales à l'hectare (nous proposons une unité animale à l'hectare), revenir à la gestion solide et au compostage des fumiers dans tous les élevages, instaurer la gestion de l'eau par bassins versants, redonner aux autorités locales leurs pouvoirs d'aménagement, imposer des exigences et une procédure d'approbation particulières pour les élevages de type industriel.

Le roi est tout nu

Ou la légende des normes environnementales

En zone verte, les normes régissant la construction de bâtiments d'élevage reposent principalement sur deux aspects : les distances séparatrices et la quantité de phosphore produite. Par un savant calcul tenant compte du nombre d'animaux, du type de ventilation de l'étable, du type de fumier produit (liquide ou solide) et de quelques autres paramètres, on établit la distance qui doit séparer un bâtiment d'élevage d'une maison, d'une route, d'un périmètre urbain, etc. Toutefois, l'épandage du fumier, liquide de plus en plus souvent, peut se faire sur l'ensemble du territoire, ne laissant que quelques mètres de « protection » autour des habitations voisines. En somme, si un projet est jugé polluant, on le recule de quelques dizaines de mètres et il devient acceptable !

Évidemment, si un bâtiment doit être éloigné de 1000 mètres de tout, cela signifie aussi qu'aucune autre production ne peut s'établir dans ce périmètre, ce qui contribue à la désertification du territoire.

Les normes environnementales actuelles ont d'autres effets pervers. Le fait de vouloir contrôler les quantités de phosphore, par exemple, a pour effet d'encourager les fermiers à cultiver du maïs (qui absorbe plus de phosphore que le trèfle), ce qui leur permet d'épandre plus de fumier et donc d'élever plus d'animaux sur la même superficie. On rase aussi une partie des forêts pour gagner des surfaces d'épandage supplémentaires. Et une fois qu'on a éliminé la partie boisée d'une ferme et transformé les pâturages en champs de maïs, il ne reste plus qu'à acheter les terres du voisin. On assiste actuellement à une flambée des prix des terres qui rappelle les folles années de spéculation foncière aux abords des grandes villes.

Pour ce qui est de la réglementation sur les pesticides, force est d'admettre qu'elle est embryonnaire. On apprend régulièrement que tel ou tel produit qu'on utilise depuis des années est hautement toxique. Le nouveau règlement sur les pesticides s'attaque à leur utilisation esthétique, mais ne touche presque pas à leur utilisation agricole. Dans le domaine des OGM, la réglementation est inexistante.

Il y a donc un long chemin à parcourir pour assainir la production alimentaire. Oserons-nous nous attaquer au pouvoir agricole qui tient tout le monde en otage par le panier d'épicerie ? En aurons-nous la volonté et le temps ?

En conclusion

Comme le démontre cet examen du régime agricole québécois, l'UPA est à la base de toutes les lois, structures et instances de notre régime agricole. Elle les contrôle toutes, en droit ou en fait, qu'il s'agisse des ministères, de la Commission de protection du territoire agricole, de la Financière, de la Régie des marchés, des municipalités, des comités consultatifs agricoles, des tables consultatives, de la mise en marché. Elle a le monopole de la représentation, le monopole de la mise en marché. Bref, elle occupe toute la place ! Et ce pouvoir corporatif parallèle, qui pèse de tout son poids en faveur d'une agriculture industrielle, échappe au contrôle démocratique des citoyens et tient en otage les politiciens élus par la population.

Dans ce contexte, l'urgence de promouvoir une agriculture qui tienne compte à la fois des problèmes environnementaux actuels et des revendications des citoyens saute aux yeux.

Chapitre III

L'agriculture paysanne

L'agriculture marchande détourne l'agriculture de sa fonction première, qui n'est pas de faire des profits mais de nourrir la population et d'occuper le territoire où elle s'exerce. Ne considérer l'agriculture que du point de vue de l'économie et du libre-échange comme on a tendance à le faire aujourd'hui, et assujettir les agriculteurs, le milieu rural, les sols, les animaux et la nature en général aux seuls objectifs mercantiles d'une poignée d'intégrateurs ne peut que conduire à la destruction du milieu rural et de la santé collective. Le paysan n'est pas un homme d'affaires, une ferme n'est pas une PME. Le paysan crée le pays qu'il habite, entretient le territoire qu'il occupe en l'aménageant, en le cultivant avec les siens, pour faire vivre sa famille et nourrir ses concitoyens. Son rapport à la terre, à la nature, à son territoire et à son milieu est primordial.

Une agriculture alimentaire : la sécurité alimentaire
L'agriculture industrielle, grâce aux technologies nouvelles et à une aide considérable des gouvernements, se vante de pouvoir garantir la production d'aliments en abondance, de qualité contrôlée, disponibles partout, à bas prix. Le prix du panier de provisions au Canada est, dit-on, un des plus bas au monde, représentant quelque 11 % du budget des familles.

Le prix de cette réussite est cependant considérable :

- La surproduction agricole menace les prix et donc les producteurs, encourage le dumping qui détruit les agriculteurs des pays receveurs et met en danger l'avenir des sols et du système productiviste lui-même. La compétition accrue et le contingentement des productions devenu nécessaire favorisent la concentration des exploitations ;
- L'agriculture industrielle a réalisé ces gains de productivité grâce à une standardisation extrême de la production alimentaire, au détriment de la diversité des espèces, des produits, des producteurs, des agricultures locales et nationales. Au détriment aussi de la saveur des aliments. En outre, avec les OGM et le brevetage du vivant, le contrôle des espèces végétales et animales et de l'ensemble de la production et de la distribution alimentaires de la planète se concentre dans le portefeuille de quelques multinationales ;
- L'impact des méthodes de production développées par l'agriculture industrielle sur la santé, les sols, l'eau et l'environnement est considérable et incontrôlable. Malgré des critères élevés de salubrité,

l'innocuité des aliments est de moins en moins assurée. La contamination de l'eau par les médicaments, les pesticides, l'azote et le phosphore atteint des niveaux mortels dans des régions complètes. La dégradation des sols est rapide. Les paysages naturels disparaissent. Le milieu et les régions rurales se dépeuplent et se désintègrent ;

- L'intégration des entreprises provoque une prolétarisation des fermiers, qui perdent leur autonomie et bientôt leurs terres, travaillent à forfait comme des serfs ;
- Ainsi concentrés, les approvisionnements alimentaires deviennent extrêmement vulnérables aux épidémies, aux désastres climatiques, aux crises politiques.

Le concept de sécurité alimentaire qui prévaut dans nos politiques actuelles ne dépasse guère le marketing. Les certifications ISO ou HACCP portent sur le respect des règles officielles au cours du processus de production, pour rassurer le client, mais ne constituent pas de véritables cahiers de charges visant à assurer la qualité intrinsèque des aliments produits. On garantit qu'on a respecté les règles d'utilisation des pesticides mais pas que les pesticides ne donnent pas le cancer ni qu'on les a éliminés. On garantit que tel poulet ou tel fromage est salubre et correspond à la définition générique de poulet et de fromage, mais pas qu'on n'a pas recouru à des procédés artificiels pour le produire.

L'agriculture paysanne a une conception beaucoup plus exigeante de la sécurité alimentaire. Elle cherche à produire une nourriture de qualité en quantité convenable, en utilisant des méthodes de production qui respectent la nature, les animaux, les sols, l'eau, l'environnement. L'agriculture biologique a tracé la voie dans ce domaine en établissant des normes d'innocuité et de qualité des aliments qui écartent toute utilisation de produits de synthèse et de pratiques de culture et d'élevage contraires à la nature des sols, des plantes et des bêtes. Dans le contexte actuel de la concentration et de l'industrialisation, il faut aller encore plus loin. Tout en admettant peut-être plus de souplesse et une approche plus progressive sur certains points, les cahiers de charges doivent s'étendre à un concept d'agriculture durable et équitable, c'est-à-dire se préoccuper également des impacts sociaux, environnementaux et culturels de l'agriculture moderne, comme nous le verrons plus loin. Pour prévenir les risques reliés aux nouvelles technologies, le principe de précaution doit être de rigueur. Au-delà de l'innocuité et de la salubrité, il faut aussi se préoccuper de goût, de saveur, de terroir, de diversité. Une nourriture aseptisée mais sans goût n'est pas une nourriture convenable. Nous ne sommes pas des bêtes à l'engrais, nous sommes des êtres humains pour qui manger doit être un plaisir et un savoir-faire. Nos ancêtres paysans n'avaient pas de cahiers des charges ni d'inspecteurs à leurs trousses, mais ils avaient la volonté et l'art de produire et d'apprêter une nourriture savoureuse et saine.

Les coûts supplémentaires qu'impose un tel type de production au paysan doivent évidemment être compensés pour que tous aient accès à des aliments de qualité à des prix convenables. Actuellement, la réglementation sanitaire (par l'inspection des aliments) ne fait pas véritablement de distinction entre les entreprises artisanales et industrielles. La production artisanale devient ainsi très difficile parce que le respect des normes en place exigerait des investissements démesurés par rapport au volume de production, ou que le produit n'offrirait plus la qualité et la saveur particulière recherchées. Les lobbies de l'industrie agroalimentaire et de l'UPA invoquent toutes sortes de raisons plus ou moins astucieuses pour maintenir des standards réglementaires uniformes dont le rôle est essentiellement de garantir le contrôle de la production et du marché. Il y a longtemps qu'on se sert hypocritement des normes d'hygiène et de qualité pour disqualifier et éliminer les petits producteurs au profit des productions industrielles. C'est de cette façon qu'on a fait disparaître les 100 000 fermes que la Commission Héon avait condamnées en 1953 : exigence de semences certifiées, de refroidisseurs à lait en acier inoxydable, de troupeaux de race, de fosses à fumier et autres, chaque nouvelle exigence provoquant automatiquement l'abandon de centaines d'agriculteurs incapables de consentir les investissements requis.

Il ne s'agit pas de prôner le laxisme, mais d'exiger des normes qui tiennent compte de l'évaluation des risques propres à une production artisanale et s'adaptent aux conditions particulières de production et de mise en marché du producteur artisan. Les dangers de contamination et d'infection, qui sont d'ailleurs vérifiables statistiquement, sont beaucoup moindres chez l'artisan que dans l'industrie. Un abattoir industriel, par exemple, où des milliers de bêtes de diverses provenances et ayant subi de longues heures de transport sont abattues dans des bâtiments fermés où s'accumulent des tonnes de déchets, est un milieu infiniment plus dangereux pour la contamination que la ferme où le paysan abat un animal au grand air, dans le milieu même où il vit. (L'appendice V décrit un projet pilote d'abattage à la ferme.) Le danger de contamination croît avec l'industrialisation du processus. Ne dit-on pas qu'il est beaucoup plus dangereux de contracter des maladies à l'hôpital que chez soi ? Il n'y a donc pas lieu, en principe, d'exiger les mêmes installations et le même type de contrôle dans les deux types de production.

L'artisan est à l'opposé de l'homme d'affaires qui cherche la production en série pour maximiser ses profits. Il a le souci de renouer avec les savoir-faire traditionnels qui ont assuré dans le passé la qualité du produit qu'il fabrique. Comme il produit en quantité limitée, il connaît et il suit son produit — ses fromages ou ses viandes, par exemple. Il est en général davantage en mesure que la plupart des inspecteurs de constater quand surviennent des anomalies. Il vise la qualité du produit, non la quantité. De plus, il est jugé chaque jour par ses clients, qui sont en nombre limité, qui sont fidèles, en contact régulier avec lui et sa ferme ou son atelier. Ses clients et ses pairs sont de meilleurs inspecteurs que des fonctionnaires habitués à contrôler mécaniquement l'application de normes industrielles et qui, souvent, ont très peu de connaissances sur le produit lui-même, notamment sur la fabrication et l'affinement des fromages.

Le mode de fabrication, les variétés d'origine et le respect des agents naturels sont essentiels à un produit artisan ou paysan. Si on impose au producteur les mêmes procédés d'asepsie (pasteurisation, températures stables, matériaux métalliques ou plastiques, etc.) que dans la production industrielle, le produit n'aura plus sa qualité spécifique. Le lait industriel transporté, pasteurisé, homogénéisé, écrémé, filtré, soumis à divers procédés de conservation et enrichi de minéraux et de vitamines est sans doute aseptique, mais il a perdu à peu près toutes ses propriétés et vertus naturelles.

Pour permettre la multiplication des petites productions artisanales avec transformation et vente locale ou à la ferme, il importe d'alléger considérablement la réglementation et l'inspection, et surtout de les adapter aux conditions particulières de ce type de production et de mise en marché. Il faut miser sur l'autorégulation de l'artisan en lien avec ses clients. Un guide de bonnes pratiques pour chaque grande catégorie de produits, joint à une évaluation périodique, serait sans doute plus efficace que le harcèlement d'inspecteurs qui se montrent souvent plus scrupuleux dans leur évaluation des productions artisanales qu'industrielles. Il faudrait surtout établir et exiger le respect de véritables critères de qualité : étiquetage et ségrégation des OGM, mention des produits de synthèse utilisés dans la production, mesures pour éviter la contamination génétique, etc. La véritable sécurité alimentaire compte parmi les objectifs majeurs de l'agriculture paysanne.

« Salubrité oblige ! »

Ou comment l'humanité a-t-elle fait pour survivre jusqu'ici ?

Un boulanger qui ne peut pas vendre son pain bio sous prétexte qu'il a été fabriqué dans sa cuisine. Un producteur de framboises qui n'a pas le droit de commercialiser de la confiture. Le producteur de lait qui n'a pas le droit de vendre son lait à son voisin... Aujourd'hui, tout doit passer par l'usine et l'acier inoxydable. Garantie de salubrité ? Selon l'estimation de l'Organisation de coopération et de développement économique (OCDE), le tiers des habitants des pays industrialisés souffrent annuellement d'intoxication alimentaire. Au Québec, cela signifie que quelque 2 millions d'habitants en sont victimes chaque année. Si la cuisine individuelle y est pour quelque chose, elle n'est certes pas la seule source de contamination.

Dans le circuit industriel de mise en marché, l'aspect visuel est le principal critère de qualité. Il est impossible de faire une analyse chimique ou biologique de chaque animal abattu dans les grands abattoirs. Le sirop d'érable est classé principalement d'après sa couleur. Ainsi en est-il de la plupart des carcasses. Et il n'y a aucune indication concernant la présence d'OGM, d'antibiotiques et d'hormones de croissance ou de farines carnées dans l'alimentation. Quels pesticides ont été appliqués sur les plantes ayant nourri les animaux ? Quels aliments ont été irradiés ?

En Allemagne, 5 % du volume de la production de lait d'un agriculteur peut être vendu à la ferme. La Belgique a deux systèmes de quotas de mise en marché du lait : un pour le circuit commercial passant par les laiteries et l'autre pour la vente à la ferme. Au Québec, il faut de toute urgence rétablir des circuits courts de mise en marché, permettre la vente directe du producteur à l'acheteur. Le voisin qui arrive à la ferme pour acheter un lapin ou un litre de lait est le meilleur inspecteur qui soit et le fermier n'a pas avantage à lui refiler n'importe quoi.

Une agriculture locale : la souveraineté alimentaire
Soumise à la logique marchande, l'agriculture industrielle privilégie actuellement les marchés d'exportation. Or, comme le démontre l'industrie porcine — dont plus de 50 % de la production est exportée —, l'exportation de produits agricoles de consommation commune détruit l'agriculture locale, aussi bien des pays receveurs que des régions productrices. L'entrée des produits agricoles dans les ententes de libre-échange a forcément des effets déstructurants

Les usines agricoles et les méga-élevages n'ont plus guère d'enracinement dans le milieu où ils s'implantent et leur relation avec l'agriculture locale est minime. Des études récentes ont montré que plus une entreprise agricole est grande, moins elle a de retombées économiques dans le milieu immédiat et plus elle a tendance à s'approvisionner à l'extérieur et à expédier loin sa production. Néanmoins, le Sommet des décideurs en agroalimentaire tenu à Saint-Hyacinthe en 1998 a choisi de privilégier les exportations agroalimentaires en proposant comme objectif de les doubler d'ici 2005.

L'agriculture paysanne, au contraire, privilégie l'autosuffisance et la souveraineté alimentaire comme orientation fondamentale de toute agriculture locale, régionale et nationale. Nourrir le mieux possible sa population avec ses propres ressources et produits en priorité est l'un de ses principaux objectifs. (Voir à ce sujet l'appendice VI.) Cela exige des fermes diversifiées, personnalisées, qui accordent une place importante à l'autosuffisance ainsi qu'à la transformation et à la mise en marché locale, des fermes enracinées dans leur milieu. Il est clair que la spécialisation des productions et des régions en fonction de marchés éloignés va à l'encontre de cet objectif.

Au lieu de niveler toutes les régions et de les asservir à des structures centralisées de production et de distribution, l'agriculture paysanne entend développer des identités et des cultures régionales, des « pays » qui diffèrent les uns des autres par leur paysage, leur architecture, leurs produits, leur cuisine, leurs spécialités, leurs terroirs, leur culture.

L'exportation de surplus et de produits spécialisés a bien sûr sa place, surtout dans un monde ouvert aux échanges comme le nôtre, mais les exportations ne doivent pas être subventionnées à même les fonds publics, et elles doivent être équitables, c'est-à-dire respecter l'agriculture et les agriculteurs des pays où on exporte et d'où on importe.

Une agriculture à dimension humaine: l'occupation du territoire

La concentration et l'intégration verticale et horizontale qui caractérisent le modèle industriel a aussi comme effet de faire disparaître la ferme familiale autonome et de dépeupler dramatiquement les campagnes. Les fermes-usines et les méga-élevages créent peu d'emplois parce qu'ils sont largement automatisés, et transforment des milliers d'agriculteurs indépendants en travailleurs à forfait qui doivent supporter tous les risques et les inconvénients des investissements et de la production sans avoir droit aux bénéfices réservés à l'intégrateur.

Le modèle paysan, au contraire, vise à multiplier les paysans et les fermes autonomes à dimension humaine, qui créent de l'emploi et dynamisent le territoire. Au lieu de chercher par tous les moyens à les décourager et à les faire disparaître, ce modèle encourage les petites fermes, l'agriculture à petite échelle ou à temps partiel, la transformation locale, les petits abattoirs, les petites fromageries, conserveries, boulangeries, les jardins axés sur des productions originales, les marchés publics, l'agriculture urbaine, etc. Il importe de rappeler que plus de 50 % des fermes au Québec sont la propriété d'agriculteurs à temps partiel. Ces « fermiers du dimanche », comme les appelle avec mépris Claude Lafleur, directeur général de la Fédérée, préservent à leurs

« Le Québec se doit d'exporter pour nourrir le reste de la planète... »

Ou la grenouille qui voulait devenir aussi grosse que le bœuf

Le Québec exporte des denrées agricoles jusqu'en Asie et, d'après les déclarations de l'ex-ministre Gilles Baril au Forum des décideurs de Saint-Hyacinthe, notre province doit assumer son rôle de pourvoyeur de nourriture pour le reste de la planète... Serions-nous devenus le grenier du monde ?

Pour l'année 2001, les trois principales denrées agricoles exportées par le Québec étaient : le porc, les boissons... et le cacao (transformé bien sûr en biscuits, etc.). Le lait ne vient qu'en quatrième position. Par ailleurs, le Québec doit importer la majeure partie de sa viande de bœuf. S'il est vrai qu'une bonne partie du territoire québécois est difficilement cultivable, il n'en reste pas moins que l'agriculture québécoise souffre de schizophrénie : une agriculture de plus en plus intensive et énergivore sur une partie du territoire et une flagrante sous-utilisation des autres terres. Le voyageur qui emprunte l'autoroute 20 ne peut que constater le contraste entre la monoculture et les parcelles retournant à la friche. Résultat : une surproduction de certaines denrées et un déficit pour les autres.

Pour les denrées suivantes, par exemple, le Québec produit effectivement plus que ses besoins :

Production	Besoins couverts
Lait	103 %
Poulet	109 %
Dindon	102 %
Veau lourd	200 %
Porc	157 %
Sirop d'érable	800 %
Maïs-grain	100 %

Pour presque toutes les autres productions, cependant, le Québec ne répond pas à la demande de sa propre population et doit importer. Voici le degré d'autosuffisance pour certains produits de consommation courante :

Production	Besoins couverts
Œufs de consommation	65 %
Œufs d'incubation	86 %
Bœuf	30 %
Agneau	20 %
Miel	20 %
Légumes frais	66 %
Pommes	48 %

Il apparaît rapidement que nous ne sommes autosuffisants que pour quelques productions animales — soit le lait, le porc, le veau et la volaille — ainsi que pour certaines spécialités locales comme le sirop d'érable et les bleuets. Et nous ne produisons que 36 % des protéines nécessaires à l'alimentation de nos animaux, même si nous exportons 75 % de notre soja.

La question reste entière : devons-nous spécialiser la production agricole et la concentrer sur certaines denrées destinées à l'exportation, ou plutôt viser l'autosuffisance alimentaire ?

Les dangers de la spécialisation de toute une région, voire du Québec en entier, sont nombreux. Premièrement, un tel système devient extrêmement vulnérable et soumis à des facteurs souvent incontrôlables. Que pourrions-nous faire si le Japon décidait subitement de ne plus acheter de porc élevé à la québécoise ? Ou si la communauté européenne ne voulait plus de notre poulet élevé en petites cages ? Comment réagiraient nos industries ? Deuxièmement, la spécialisation d'une région conduit nécessairement à l'accumulation de déchets de production. Les régions de céréales ont besoin de fertilisant, mais, n'ayant pas les animaux pour le fournir, elles doivent acheter de l'engrais chimique. De plus, on y enfouit la paille, qui y est de peu d'utilité. À l'inverse, la région productrice de viande a un excédent de fumier et a de la difficulté à trouver de la paille pour l'utiliser comme litière. Troisièmement, en situation de crise, il suffit d'une soudaine pénurie de l'un ou l'autre des intrants nécessaires à la production (engrais chimique, diesel, pièces de rechange, etc.) pour que tout s'écroule.

Ne pas confondre autarcie et souveraineté alimentaire

Il n'est pas ici question de mettre fin à l'importation et à l'exportation de produits agricoles. Les gens d'ici ont le droit de boire du café et de vendre du sirop d'érable à la Hollande. Comme le soulignent Frances Moore Lappé et Joseph Collins dans *L'industrie de la faim* : « *Pour un pays donné, l'autonomie alimentaire n'implique pas nécessairement de produire tout ce dont un pays a besoin ; il s'agit plutôt de produire suffisamment de denrées alimentaires de base pour ne dépendre d'aucune puissance extérieure. L'autonomie alimentaire suppose l'utilisation maximum de toutes les ressources locales, matérielles et humaines avant de faire appel aux ressources de l'étranger. L'autonomie alimentaire, ce n'est pas forcément l'autosuffisance, c'est la capacité, à court terme, de subvenir à ses besoins immédiats de façon à n'être pas affecté par un soudain embargo sur les importations. Aucun peuple ne devrait risquer d'être vulnérable aux catastrophes naturelles, aux guerres qui surviennent à l'étranger ou aux manipulations politiques des exportations alimentaires par des pays étrangers* *. »

---

* Joseph Collins et Frances Moore Lappé, *L'industrie de la faim*, Montréal, Éditions de l'Étincelle, 1977.

frais un minimum d'espace pour l'agriculture paysanne et ont droit au soutien du ministère de l'Agriculture.

L'entreprise agricole à dimension humaine remplit un autre objectif de première importance : elle est transmissible. Les fermes industrielles, notamment les grandes fermes laitières, sont de plus en plus confrontées au problème de la relève et du transfert de propriété, leur coût et leurs charges étant trop élevés pour qu'elles puissent être reprises par l'enfant de la famille ou rachetées par quiconque aimerait s'établir en agriculture. La valeur spéculative exorbitante des quotas de lait vient ajouter à la difficulté, les propriétaires y tenant davantage qu'à leur patrimoine. Ainsi, les fermes aboutissent tôt ou tard entre les mains d'intégrateurs, sortes de nouveaux barons de l'agriculture, qui nous ramènent au système de tenure féodale du Moyen Âge. Si nous n'arrivons pas à préserver la ferme familiale ou à dimension humaine, nous serons vite contraints à joindre les paysans du tiers-monde, comme les sans-terre d'Amérique latine, qui réclament une réforme agraire et la redistribution des terres aux paysans.

« On s'en vient comme aux États-Unis », disent nos fermiers. Deux modèles de fermes semblent s'opposer ici : le modèle industriel de ferme-usine d'une part, et la ferme paysanne d'autre part. En réalité, les choses sont plus nuancées. Il n'est pas facile de tracer la frontière entre les deux. La ferme paysanne est à dimension humaine et autonome ; elle est familiale et devrait dégager un revenu familial décent (aux alentours de 30 000 $ net). Elle constitue un mode de vie plutôt qu'une activité purement économique, comporte une part d'autosuffisance et de commerce local, est une référence dans sa communauté.

Si nous devions tenter d'établir des planchers et plafonds indicatifs moyens — et encore faudrait-il les adapter selon le type de production —, nous pourrions avancer les balises suivantes :

- comme plancher : 5 unités animales (une unité animale équivalant à une vache), ou 5 hectares en exploitation, ou 5 000 $ de production, incluant les produits utilisés pour les besoins de la famille ;
- comme plafond : 100 unités animales, ou 100 hectares en production, ou des revenus de 200 000 $.

Une agriculture sociale : l'agriculture multifonctionnelle

En se modelant sur le système d'économie marchande et la logique productiviste, l'agriculture a cessé de se préoccuper d'un ensemble de fonctions qu'elle assumait traditionnellement. En cultivant sa terre avec les siens, le paysan du même coup structure les paysages, prend soin de l'eau et de l'environnement, occupe le territoire, préserve un riche patrimoine naturel et culturel, joue le rôle d'interprète de la nature et de l'histoire, perpétue des modes de vie, des savoir-faire et des cultures. En ce sens, le paysan crée le pays, le territoire. On ne peut concevoir la campagne sans les paysans et leur façon d'occuper cet espace.

À l'opposé, les agriculteurs d'aujourd'hui sont devenus des gens d'affaires qui obéissent à la logique comptable et sont peu disposés à hypothéquer leurs faibles marges de profit pour protéger des paysages, des espèces ou des acquis sociaux et culturels. Les méthodes de production et les structures d'entreprise qu'ils préconisent sont de plus en plus dévastatrices pour l'environnement et le milieu rural. Par la loi 23, les agriculteurs se sont assuré un contrôle de la zone verte (soit plus de 90 % de la campagne) pour y exercer un droit de produire qui, au lieu de préserver et d'entretenir la campagne, est en train de la vider et de la transformer en parc industriel agricole.

L'agriculture paysanne considère que le paysan est responsable de l'état de la campagne et doit être rétribué équitablement pour cette fonction. La campagne dans son ensemble, tout comme la production alimentaire elle-même, est un bien collectif trop précieux et trop nécessaire pour que nous le laissions dégrader par des intérêts privés.

Le paysan, plus profondément encore, est dépositaire d'un rapport privilégié avec la nature, la terre, le territoire et l'histoire d'un coin de pays. Cette relation est fondamentale et fondatrice pour tous les citoyens, qu'ils soient urbains ou ruraux. Sans cet enracinement physique, territorial et culturel, il ne peut y avoir d'identité personnelle ou collective, ni de véritable ouverture aux autres et au monde. En croyant s'affranchir de son enracinement physique, spatial et temporel, l'homme moderne a perdu ses références fondatrices et souffre de plus en plus d'isolement, de détresse et d'irresponsabilité. Il erre sur une planète où il est apatride, ne sachant plus qui il est ni pourquoi il vit. Plus encore, ce rapport à la nature, qui oblige le paysan à travailler essentiellement avec celle-ci et non à l'asservir à ses fins, est le meilleur rempart contre le dérèglement des écosystèmes naturels vers lequel nous entraînent l'utilisation irresponsable des technologies et l'économie marchande.

Une agriculture durable et équitable

Pour remplir sa véritable mission, l'entreprise agricole doit respecter un ensemble de critères économiques, environnementaux et sociaux. Les cahiers de charges d'agriculture durable et équitable, qui sont de mieux en mieux définis en Europe et chez nous, englobent le cahier de charges biologique, centré sur l'innocuité de l'aliment et le respect des processus naturels, mais y ajoutent plusieurs dimensions sur le plan des impacts de l'entreprise sur l'environnement, le milieu et la communauté rurale.

Voici, à titre d'exemple et pour donner une idée de tout ce que peut englober la multifonctionnalité de l'agriculture, un aperçu des critères retenus dans le cadre d'une méthode élaborée en France pour évaluer le caractère durable et équitable d'une entreprise agricole et de ses produits.

Échelle de durabilité agro-écologique

- Diversité : animale et des cultures annuelles et pérennes, préservation des races menacées ;
- Organisation de l'espace : assolement, dimension des parcelles, zones de régulation écologique, patrimoine naturel, chargement, surfaces fourragères ;
- Pratiques agricoles : gestion de la fertilisation, effluents, pesticides, bien-être animal, protection des sols, gestion de l'irrigation, efficacité énergétique.

« L'agriculture moderne est de plus en plus efficace et productive... »

Ou Perrette et le pot au lait

À l'instar de Perrette qui misait sur une rentabilité hypothétique, les meneurs de l'agriculture proclament à qui mieux mieux que la productivité du secteur agricole est en constante progression et qu'un fermier nourrit à lui seul 100, 150 ou même 200 personnes.

Mais on ne compte pas tout. On oublie facilement que beaucoup d'emplois indirects dans le secteur agroalimentaire d'aujourd'hui étaient autrefois accomplis par les fermiers eux-mêmes, et que notre agriculture repose de plus en plus sur des approvisionnements étrangers provenant souvent du travail de gens sous-payés. On oublie aussi qu'on utilise aujourd'hui beaucoup plus d'énergie fossile qu'autrefois pour produire une calorie alimentaire.

Le tableau suivant illustre la relation entre la taille d'une ferme et son rendement économique. Même dans un pays comme les États-Unis, connu pour ses tendances au gigantisme, l'analyse démontre clairement l'efficacité supérieure des petites entreprises.

Taille et rendement des exploitations agricoles aux États-Unis (1992)

Catégorie de taille (acres)	Rendements bruts moyens ($/acre)	Rendements nets moyens ($/acre)
4	7 424	1 400
27	1 050	39
58	552	82
82	396	60
116	322	53
158	299	55
198	269	53
238	274	56
359	270	54
694	249	51
1 364	191	39
6 709	63	12

Source : *U.S. Agricultural Census*, 1992, vol. 1, section 51, p. 86-96. 1 acre = 0,405 hectare ; les sommes sont en dollars américains.

Échelle de durabilité socio-territoriale
- Qualité des produits et des territoires : qualité des produits, patrimoine bâti et paysage, accessibilité de l'espace, implication sociale ;
- Emploi et services : filières courtes, services et pluriactivité, contribution à l'emploi, travail collectif, pérennité prévue ;
- Éthique et développement humain : contribution à l'équilibre alimentaire mondial, formation, intensité du travail, qualité de vie.

Échelle de durabilité économique
- Viabilité : isolement, viabilité économique, taux de spécialisation ;
- Indépendance : autonomie financière, sensibilité aux aides et aux quotas ;
- Transmissibilité de l'entreprise ;
- Efficience du processus productif.

Pour que l'agriculture paysanne et ses produits soient équitables, il est essentiel que l'agriculteur soit rémunéré précisément en fonction de sa contribution à une agriculture durable et équitable plutôt que du volume de production. En fonction donc d'un principe d'écoconditionnalité strict et intégral. Cela implique forcément d'abandonner le modèle actuel de financement de l'agriculture, qui rétribue l'agriculteur en soutenant les prix, en contingentant la production et en protégeant la production intérieure. Il est impossible de maintenir et de développer une agriculture paysanne si nous ne nous tournons pas vers un modèle de financement et de rétribution basé sur une aide directe au paysan, liée à l'adoption de cahiers de charges d'agriculture durable et équitable.

Il s'agit là bien sûr d'un changement radical de notre modèle de financement de l'agriculture, qui remet en question ce que les dirigeants syndicaux et politiques considèrent comme l'épine dorsale du modèle agricole québécois : la stabilisation du revenu (assurances agricoles) et la mise en marché collective. Mais si nous voulons freiner la concentration, l'intégration et la déstructuration de notre agriculture et de nos campagnes, nous devons nous engager dans une modulation dégressive du soutien aux agriculteurs favorable à ceux qui pratiquent une agriculture durable et sociale. À moyen terme, seule une aide directe liée à la contribution environnementale et sociale de la ferme permettra de maintenir et de développer une agriculture qui produit une alimentation sûre, qui protège les sols, les paysages et l'environnement, qui assure une occupation dynamique du territoire.

Sans interdire l'agriculture industrielle, il nous faut cesser de la subventionner et même taxer les pratiques industrielles qui entraînent des coûts sociaux et environnementaux.

L'agriculture de l'avenir

Les défenseurs de l'agriculture paysanne se font souvent accuser de vouloir revenir en arrière et de refuser le progrès. Il y a dans cette accusation une part de démagogie et une part d'inconscience. Démagogie d'abord parce que les fermes que nous appelons paysannes sont aussi bien les fermes familiales conventionnelles, avec 30 vaches ou 100 bovins de boucherie, que les fermes artisanales. Dans les deux cas, il s'agit de fermes modernes. Il est possible d'être moderne sans transformer la ferme en usine, de favoriser le développement de l'agriculture sans transformer la zone verte en parc industriel.

D'un côté, on nous accuse d'être des agriculteurs du dimanche ou des amateurs plus ou moins rêveurs ou écologistes, comme si seuls les industriels avaient le droit d'utiliser la terre et la campagne. De l'autre, on laisse entendre que l'agriculture industrielle, chimique, transgénique, spécialisée ou intégrée est la seule agriculture rentable et la seule capable de nourrir le monde.

Rien n'est plus faux. D'abord, toutes les études démontrent que plus la ferme est petite, plus les taux de rendement à l'hectare sont élevés. Ce qui laisse croire que les taux de rendement sont supérieurs dans les grosses entreprises en raison des économies d'échelle, c'est que dans notre modèle de financement de l'agriculture, plus une ferme est grande, plus elle est subventionnée. Il n'y a que 12 % des fermes au Québec qui génèrent plus de 250 000 $ de revenus mais elles raflent plus de 50 % des aides gouvernementales. Chez les gros intégrateurs, la contribution de l'État atteint facilement 75 % des revenus nets. Il n'y a aucune raison de restreindre le métier d'agriculteur à ceux qui le pratiquent industriellement, à plein temps, sur une grande échelle. L'agriculture à temps partiel, de subsistance, d'appoint, artisanale ou familiale est un apport précieux tant pour les personnes qui la pratiquent que pour la communauté. C'est souvent dans ce contexte que s'exerce la meilleure agriculture, que se produisent les meilleurs aliments, les plus savoureux ou personnalisés, que l'équilibre entre l'humain, la terre et les animaux est le mieux respecté.

Mais au-delà de la démagogie, il y a l'inconscience. Il devient de plus en plus évident que l'agriculture productiviste se dirige vers un cul-de-sac et a une foule d'effets nocifs : surproduction, destruction des sols et des écosystèmes, résistance aux produits chimiques, épidémies, pollution et rareté de l'eau, effondrement des prix, vulnérabilité due à la dépendance et à la perte de diversité, contamination génétique et, non le moindre, résistance croissante des citoyens. En effet, à mesure que les gens découvrent les impacts de l'agriculture marchande, ils ne font plus confiance à ses produits systématiquement trafiqués, craignent pour leur santé, refusent la standardisation et la banalisation des aliments industriels ; ils sont révoltés par la pollution agricole, s'opposent à la cruauté généralisée envers les animaux, se méfient des OGM, ne comprennent pas que l'argent public serve à subventionner ceux qui polluent le plus, n'acceptent pas la dévastation des campagnes et le dépeuplement des villages.

Contrairement à ce que semblent croire les dirigeants de l'UPA en particulier, la confiance de la population ne pourra être restaurée par des opérations de relations publiques visant à faire croire qu'il s'agit là d'une question de mauvaise perception et que les agriculteurs ont bel et bien pris le virage vert, le virage santé, le virage bio, le virage de la ferme familiale, le virage du terroir.

Les problèmes engendrés par le modèle industriel ne peuvent être résolus par des campagnes d'image ni par de simples mesures de mitigation. De plus en plus de gens demandent des produits bio, artisanaux, non standardisés, provenant de petites boulangeries, boucheries ou fromageries, d'élevages naturels où les animaux sont bien traités et heureux, des aliments produits par des fermiers avec qui ils peuvent échanger, des productions locales typiques. Les gens se déplacent de plus en plus pour se procurer une nourriture qui goûte et qui a un sens. Ils sont de plus en plus nombreux à vouloir cultiver eux-mêmes leurs légumes, élever quelques animaux, avoir un coin de terre pour y reprendre racine, reprendre contact avec la nature et y élever leurs enfants sainement. Tout cela est heureux et va à l'encontre du système actuel d'agriculture.

Tout le modèle et le système de production et de financement de l'agriculture vont devoir rapidement se transformer pour faire une place croissante à l'agriculture paysanne telle que nous tentons de la définir. L'agriculture paysanne, paradoxalement, n'est pas l'agriculture du passé mais l'agriculture de l'avenir. Elle s'inscrit dans une vaste prise de conscience et est l'expression de notre instinct de survie.

Depuis 50 ans, on fait confiance aux nouvelles techniques, on s'ouvre à la mondialisation, on développe un esprit planétaire, sans trop s'interroger sur les conséquences à long terme d'une foule de changements. Les gens de ma génération se souviennent de l'euphorie provoquée par l'arrivée du DDT au cours des années 1950. C'était magique! Comme tous les produits

Plaidoyer pour le bio dans le contexte de la vache folle

Ou les animaux malades de la peste... qui n'en mouraient pas tous

D'après l'organisation allemande pour la promotion de l'agriculture biologique (*Fördergemeinschaft Ökologischer Landbau*), la maladie de la vache folle n'aurait pas pu apparaître en Europe si l'élevage animal avait respecté les normes de la production biologique. Cette maladie est liée à l'élevage industriel et à l'utilisation massive d'aliments au moindre coût.

En agriculture biologique, l'utilisation de farines carnées était interdite même avant l'apparition de la maladie. L'utilisation des aliments produits sur la ferme y est aussi prépondérante. En outre, les animaux proviennent généralement directement de la ferme et l'achat d'animaux venant de fermes conventionnelles doit faire l'objet d'une autorisation spéciale. Ces achats sont contrôlés par un inspecteur indépendant et limités au marché régional. Il n'y a pas de gras d'abattage dans l'alimentation des veaux. En plus de respecter les normes usuelles, la production biologique doit se soumettre aux normes des organisations biologiques.

La panique déclenchée en Europe par la fièvre aphteuse est moins reliée à la maladie elle-même qu'à son impact sur les exportations. Un pays ayant des animaux contaminés ou vaccinés perd son statut « exempt de fièvre aphteuse » sur le marché mondial. Actuellement, dans le but de préserver un marché d'exportation d'environ 2 milliards de dollars, la Grande-Bretagne est en train de sacrifier une économie de 140 milliards de dollars. On peut se demander si le gouvernement britannique, s'il arrive un jour à dédommager les agriculteurs, compensera les autres secteurs de l'économie pour les dégâts causés: tourisme, villégiature, expositions et voyages d'affaires annulés, etc. Encore là, ce sont des pans entiers d'une population qui sont pris en otage par une minorité. Selon José Bové, c'est là la définition du terrorisme.

chimiques d'ailleurs. Aujourd'hui, nous commençons à mesurer les effets de tout cet arsenal moderne. Nous croyions nous être affranchis, libérés. Mais par un effet de balancier bien connu, nous prenons maintenant conscience que nous sommes en train de perdre le contrôle. Et nous revenons naturellement à des valeurs fondatrices: la nature, la nourriture, la santé, l'appartenance, le territoire, l'enracinement, l'identité. Le règne des chantres de la science et du progrès à tout prix est en perte de vitesse. L'agriculture, de par le lien intime qu'elle a avec l'alimentation quotidienne et la santé de chacun d'entre nous, n'échappera pas à ce retour du pendule.

« L'agriculture paysanne ou biologique, c'est bien romantique, mais c'est beaucoup trop cher ! »

Ou comment ne pas tenir compte des coûts cachés

Si les produits biologiques coûtent aujourd'hui plus cher à l'épicerie que les autres denrées, c'est pour deux raisons majeures. Premièrement, le soutien de l'État ne va actuellement qu'aux entreprises de grande taille : plus le volume de production est élevé, plus l'aide est importante. Les fermes diversifiées, s'en tenant par définition à un petit volume de production pour chacune de leurs denrées, s'en vont les mains vides. En outre, les producteurs biologiques doivent payer eux-mêmes leur certification et leur inspection. Deuxièmement, les fermes biologiques assument des dépenses que n'ont pas les autres. Renoncer aux OGM, aux pesticides, engrais chimiques et antibiotiques de croissance, faire des rotations, produire son propre grain : toutes ces mesures entraînent généralement des coûts supérieurs.

S'il fallait, par exemple, que l'État ajuste le prix du pétrole en tenant compte des coûts sociaux et environnementaux, les entreprises énergivores que sont les grandes fermes spécialisées feraient rapidement face à de graves difficultés financières. Actuellement, en Inde, l'agriculteur produit 16 calories alimentaires avec une seule calorie investie en énergie fossile. Aux États-Unis, pour la même calorie investie, on ne produit que 0,5 calorie alimentaire.

Selon une étude de Jean-Roger Mercier*, les coûts énergétiques de l'agriculture biologique sont plus de deux fois inférieurs à ceux de l'agriculture conventionnelle ; de plus, l'agriculture biologique en France est en mesure de fournir les calories et les protéines nécessaires à la population française avec une faible consommation d'énergies rares (principalement les combustibles fossiles) et en employant une main-d'œuvre égale ou supérieure à la main-d'œuvre actuelle.

---

* Jean-Roger Mercier, *Énergie et agriculture. Le choix écologique*, Paris, Debard, 1978, p. 192.

CHAPITRE IV
L'Union paysanne

L'UNION PAYSANNE EST NÉE de l'impossibilité pour les petits agriculteurs et les néoruraux que nous étions de faire la moindre brèche dans ce mur impénétrable érigé par l'UPA autour de la campagne. Monopole syndical, zonage agricole, droit de produire, formation agricole, programmes agricoles, collusion UPA-coopératives-gouvernement-agronomes-compagnies, noyautage des structures locales : autant de moyens qui ont permis à l'UPA de faire main basse sur l'agriculture, la campagne et le gouvernement, d'écarter du revers de la main toute critique et toute revendication qui ne cadre pas avec sa vision productiviste de l'agriculture. L'arrogance du pouvoir et du droit !

La gestation

À partir du moment où je suis devenu agriculteur, en 1975, j'ai rencontré cette mafia sur mon chemin.

Lorsque j'ai voulu qu'on reconnaisse ma ferme biologique d'autosubsistance et qu'on me considère agriculteur autrement que pour me faire payer une cotisation à un syndicat milliardaire qui n'avait que du mépris pour ce que je faisais. Au moment où je me suis opposé à la construction d'aboiteaux sur les marais salins de Kamouraska, ou aux arrosages aériens contre une épidémie de chenilles « appréhendée » (qui n'est jamais venue) et à d'autres arrosages au-dessus des champs de pommes de terre. Au moment où j'ai réclamé un traitement intelligent pour le seul troupeau d'oies blanches au monde, qu'on traite comme des agresseurs. Au moment où on m'a empêché de vendre mes fromages, où on a exigé des veaux de lait de 500 livres, ce qui est cruel et inacceptable en élevage biologique.

Pas moyen de faire entendre une voix autre que celle de l'argent !

Après avoir pratiqué l'agriculture biologique pendant 20 ans, après avoir fondé moi-même un syndicat bio affilié à l'UPA, force m'est de constater que le bio a été emprisonné dans la marginalité et n'a jamais gagné un centimètre, ni à l'UPA, ni au gouvernement, sauf occasionnellement, pour la forme. Le bio s'est résigné à fonctionner en vase clos, pauvrement, comme une secte, pendant que les milliards pleuvaient sur la « vraie » agriculture, l'agriculture moderne.

Des centaines de jeunes et d'adultes intéressés à l'agriculture ont été empêchés de s'établir et de développer des projets agricoles. Or, dans mon petit village, la moitié des fermes ont disparu en 25 ans, et la plupart de celles qui restent n'auront pas de relève. L'agriculture de l'avenir, dit-on!

Puis ce fut l'arrivée des projets de porcheries industrielles qui venaient compromettre les efforts que nous déployions pour relancer nos villages en chute libre. Pendant des années, j'ai vu des comités de citoyens se faire passer sur le corps l'un après l'autre, devant le sourire méprisant des dirigeants de l'UPA, avec la complicité du ministère de l'Environnement, au nom du droit de produire et de la priorité à l'agriculture en zone verte, au mépris le plus total des règles de démocratie municipale, à la faveur de conflits d'intérêts grossiers chez des élus municipaux ou de collusions entre ces derniers et les dirigeants de l'UPA et les intégrateurs, sans égards pour les préjudices causés à des milliers de citoyens, au milieu, aux autres activités sociales et économiques, pour la pollution de l'eau et de l'air.

À Saint-Germain-de-Kamouraska, en 1999, à l'instigation du comité de citoyens qui luttait désespérément pour bloquer un projet de porcherie indécent, nous avons créé une coalition nationale de comités de citoyens, Sauver les campagnes, dans le but de défendre la qualité de vie des campagnes contre tous les projets industriels qui la menacent. En commission parlementaire et dans les cabinets des ministres, tous étaient sensibles au bien-fondé des problèmes que nous soulevions, mais pas un n'a osé bouger, surtout pas le ministre de l'agriculture, par peur des foudres de l'UPA. Et, en bout de ligne, le ministre Rémi Trudel a fait voter la loi 184, qui révise la loi 23 sur le droit de produire

« L'Union paysanne veut nous ramener 50 ans en arrière, aux années de misère, avec ses petites fermes autosuffisantes d'antan... »

Ne serait-ce pas plutôt l'agriculture industrielle qui nous fait reculer ?

Au forum des décideurs de Saint-Hyacinthe, à l'automne 2001, l'industrie agroalimentaire dénonce la perte des marchés québécois au profit d'entreprises étrangères. Laurent Pellerin, président de l'UPA, souligne que le Québec ne contrôle plus l'abattage et la transformation de ses bovins. La demande des produits bio augmente d'environ 30 % par an, mais la production ne suit pas. Comment se fait-il qu'en pleine zone verte et agricole, il soit pratiquement impossible d'acheter de la nourriture de son voisin ? Comment se fait-il qu'il n'y ait plus de boulangerie locale, de laiterie, de beurrerie, d'abattage à la ferme, de transformation locale ? Comment se fait-il que pour se nourrir en zone agricole, il faille passer par une grande chaîne d'alimentation et que chaque aliment soit transporté sur une distance d'environ 2500 km pour passer « de la fourche à la fourchette » ? Et pour obtenir quoi ? De la nourriture standardisée, dont on ne connaît pas l'origine ni la teneur en OGM, pesticides, antibiotiques et autres produits douteux ou carrément nocifs. Pendant ce temps, la majeure partie des agriculteurs n'arrivent pas à vivre correctement de leur métier et doivent abandonner. Les survivants, forcés à grossir, contribuent à vider le territoire rural.

C'est le système actuel qui nous ramène en droite ligne en arrière, à une époque où quelques grands propriétaires terriens utilisaient des métayers pour faire le travail agricole. Environ 70 % de la production porcine est sous intégration, ce qui signifie que l'éleveur n'est pas le propriétaire des cochons. Il travaille à contrat pour une entreprise qui lui fournit la moulée, les porcelets, les médicaments et le soutien technique. Au chapitre de la démocratie, le barreau du Québec dénonce le retour en arrière que marquent les lois 23 et 184, qui confèrent des droits d'immunité à des groupes d'entreprises.

Savoir produire de la nourriture sans recourir à des substances dangereuses, sans gaspiller l'énergie non renouvelable de la planète et en respectant les droits démocratiques des autres citoyens, c'est cela, le véritable progrès !

uniquement dans le sens de l'UPA, pour mieux bâillonner les citoyens et leurs élus municipaux.

Nous avons donc convoqué un colloque national sur le thème « Repenser l'agriculture », dans le but d'élaborer une alternative positive à l'agriculture prônée par l'UPA. Cette dernière nous a d'abord boudés, mais apprenant que nous songions à créer un syndicat alternatif, 35 de ses dirigeants se sont inscrits au colloque, le président Laurent Pellerin en tête. Leur but était visiblement de nous étouffer, en démontrant, poing sur la table au besoin, que tout allait pour le mieux et qu'on n'avait pas besoin d'alternative ni de repenser quoi que ce soit. Au lieu de dialoguer honnêtement, d'écouter, d'assouplir, de chercher à tenir compte des nouvelles aspirations (quand on a le monopole, on devrait au moins essayer de faire de la place pour tout le monde et toutes les tendances), on n'a témoigné que du mépris à l'égard de tout ce qui n'est pas l'agriculture industrielle et marchande.

La naissance

La conclusion s'est imposée d'elle-même. Jamais nous n'arriverons à faire bouger la machine si nous ne créons pas un syndicat agricole alternatif et n'exigeons pas pour les agriculteurs le droit de choisir le syndicat qui les représente le mieux.

Nous avions déjà pris contact avec la Confédération paysanne française et son porte-parole José Bové, qui a dû, elle aussi, briser le monopole de la Fédération nationale des syndicats d'exploitants agricoles (FNSEA). Nous venions de vivre à Québec le Sommet des peuples, en avril 2001, où l'UPA s'étant rangée du côté du libre-échange et de la ZLEA; nous nous étions retrouvés une poignée de Québécois au Forum agraire, à côté de représentants de mouvements paysans du monde entier, regroupés dans Vía Campesina, invités par le mouvement paysan canadien, la National Farmers' Union. Nous étions les seuls à ne pas avoir de mouvement paysan autonome.

Le 27 mai de cette même année, à l'invitation de Sauver les campagnes, une cinquantaine de personnes, agriculteurs et citoyens, se rassemblaient à Saint-Germain-de-Kamouraska pour créer le Comité provisoire de l'Union paysanne et adopter un manifeste provisoire qui allait servir de base à la Déclaration de principe de l'Union paysanne. (Voir l'appendice III.)

L'expansion

La suite est une histoire étonnante. En un an, le mouvement a obtenu sa constitution comme syndicat professionnel, tenu son congrès de fondation (au début de décembre 2001), gagné l'attention des médias; il s'est doté d'un nom, d'un logo, d'une constitution, d'une orientation, d'instances de représentation démocratiques, d'un secrétariat permanent, d'un site Internet impressionnant, de conseils régionaux dans les 16 régions du Québec et d'une centaine d'équipes locales; il a élargi son discours à l'ensemble des problèmes de l'agriculture et des campagnes, et recruté plus de 3000 membres, dont plus du tiers sont impliqués dans la production.

Tout cela malgré les assauts démagogiques de l'UPA, puis ses manœuvres de récupération de toutes sortes par lesquelles elle tente de démontrer qu'elle s'intéresse à tous les producteurs, spécialement aux petits producteurs et aux producteurs biologiques, sans toutefois jamais remettre en question les politiques qui les étouffent.

En moins d'un an, l'Union paysanne s'est imposée comme la représentante de l'alternative à l'UPA et a crédibilisé, à tous les niveaux, un discours structuré qui rejoint le gros bon sens. Sans être accréditée pour représenter légalement les producteurs, l'Union paysanne joue déjà le rôle de deuxième syndicat agricole.

Un syndicat

L'Union paysanne n'est pas un simple mouvement de contestation écologiste ou politique. Encore moins un groupe d'activistes ou un parti politique. Elle est un syndicat constitué comme tout autre syndicat de structures de représentation démocratiques qui forment un réseau d'équipes locales, regroupées à leur tour dans des conseils régionaux avec des responsables élus par les membres de la région ; elle a un conseil national, un congrès national annuel et un conseil de coordination élu à chaque poste par ce congrès pour des mandats de deux ans.

Pour la première fois depuis la création du Parti québécois, un mouvement se donne une base nationale et un réseau national de représentation et d'action pour faire changer des choses. L'intérêt suscité par l'Union paysanne tient en grande partie au fait qu'elle est un outil de changement politique. Pendant des années, les mouvements d'agriculture biologique, écologistes, communautaires ou autres ont souvent eu l'impression de tourner en rond, de tenir colloques et ateliers, de faire de l'animation et de la sensibilisation, sans jamais avoir de prise sur le changement. La raison en est peut-être qu'ils sont restés trop apolitiques, en ce sens qu'ils se sont contentés de contester et de dénoncer sans se donner un outil politique de changement.

La force de l'Union paysanne, c'est son réseau de représentation et d'action. C'est ce réseau qui lui donne déjà un poids politique qui étonne, compte tenu de ses moyens réduits. Cette crédibilité tient aussi à son autonomie. Comme tout syndicat, l'Union paysanne est financée par les cotisations de ses membres et n'a de comptes à rendre à personne d'autre que ses membres.

L'Union paysanne invite donc à une nouvelle culture politique qui relève de la société civile mais diffère de la culture communautaire ou contestataire. Sa stratégie doit tenir compte du fait que l'objectif global fera l'objet d'une négociation continue. Sa structure lui permet d'espérer parvenir à négocier des changements majeurs dans nos politiques agricoles. Pour y arriver, elle devra obtenir l'accréditation syndicale, c'est-à-dire faire amender la Loi sur les producteurs agricoles qui stipule, à l'article 11, qu'une seule association agricole est accréditée. Le statut de syndicat unique octroyé à l'UPA, qui lui a permis d'instaurer progressivement un monopole de la mise en marché et une mainmise complète sur les politiques agricoles de l'État, est un obstacle majeur à tout changement important du régime agricole, une entorse à la liberté d'association et à la démocratie tout court.

L'Union paysanne entend exiger le droit de représenter ceux qui voient l'agriculture et la campagne autrement. Elle ne veut plus d'un syndicat unique qui oblige tout le monde à la production intensive et standardisée. Elle exige le droit de représenter et de défendre tous ceux qui sont en faveur d'une agriculture alimentaire, durable, paysanne, d'une agriculture qui construit le pays au lieu de le détruire, qui ramène la bonne nourriture et la santé dans nos maisons.

Un syndicat agricole

La Déclaration de principe qui fait partie de la Constitution de l'Union paysanne établit clairement que « *l'Union paysanne a pour but de regrouper en une force collective organisée et représentative tous ceux qui sont en faveur d'une agriculture et d'une alimentation paysannes pour faire contrepoids au monopole de représentation syndicale et au puissant lobby de l'industrie agroalimentaire et des promoteurs du libre-échange en faveur d'un modèle industriel d'agriculture.* »

La Déclaration précise ensuite que l'alternative préconisée est celle d'une agriculture caractérisée par deux axes : « *d'une part, l'autosuffisance alimentaire, en vue de procurer à notre population une nourriture saine et diversifiée, dans le respect de la nature, des sols, des animaux, de l'environnement et des communautés, et, d'autre part, l'occupation du territoire, de façon à assurer le maintien de campagnes vivantes avec des paysans nombreux* ». Suit une description des grandes lignes du régime agricole proposé.

L'Union paysanne est donc clairement un syndicat agricole. Sa raison d'être et son action concernent l'agriculture et l'alimentation paysanne comme alternative à l'agriculture et à l'alimentation industrielle. Les producteurs, transformateurs et distributeurs artisans, biologiques ou conventionnels, petits ou gros, à temps partiel ou à temps plein, et tous ceux qui y sont associés professionnellement, sont au cœur de l'orientation et de l'action qu'entend mener l'Union paysanne, du moment qu'ils veulent travailler à promouvoir l'agriculture et la vie paysannes. Nous croyons qu'il faut élargir le statut de producteur tout comme il faut réviser le zonage agricole et les structures de production et de mise en marché pour faire de la place aux nouveaux producteurs, aux jeunes, aux producteurs à temps partiel, aux producteurs-transformateurs, à la vente à la ferme, à l'agriculture de proximité et de diversité.

Un syndicat citoyen

Le concept de syndicat citoyen est sans doute l'élément le plus innovateur de l'Union paysanne. Ce concept dérange l'UPA, le MAPAQ, mais aussi les producteurs, les juristes, les politiciens. Qu'est-ce que des citoyens qui ne connaissent rien à l'agriculture viennent y faire ?

Les syndicats, jusqu'ici, ont été des regroupements strictement corporatifs défendant les intérêts d'un groupe ou d'une catégorie précise de travailleurs ou de producteurs. Avec la concentration et la spécialisation des entreprises, les syndicats de travailleurs de grandes entreprises ou de grandes professions sont de plus en plus perçus comme des clubs de favorisés. En agriculture, la concentration des fermes et le contrôle de la mise en marché par les syndicats ont fait de l'UPA un club corporatif de plus en plus restreint, qui ressemble de plus en plus à un patron, de mèche avec le gouvernement et l'entreprise. Et ce club corporatif sélect décide seul ce que tout le monde retrouvera dans son assiette trois fois par jour, décide (par le truchement de la Financière agricole) de l'utilisation de fonds publics considérables destinés au secteur agroalimentaire.

Dans ce contexte de corporatisme abusif, il est nécessaire de réintroduire les citoyens dans la négociation collective d'enjeux de société aussi fondamentaux que le type d'agriculture, d'alimentation et de campagne que nous voulons. Sans l'appui de tous les citoyens conscientisés, les petits producteurs ne parviendront jamais à infléchir l'orientation dominante. L'Union paysanne fait donc le pari que des paysans et des citoyens responsables peuvent dépasser leurs intérêts particuliers pour chercher ensemble les meilleures façons de favoriser une agriculture et une alimentation profitables à tous.

Les structures de l'Union paysanne sont appelées à évoluer de façon à permettre aux producteurs d'être au cœur de la représentation générale, d'une part, et, d'autre part, de mener des négociations propres à leurs productions respectives au sein de conseils de production accrédités et affiliés, sans pour autant empêcher les simples citoyens d'intervenir comme membres à part entière dans les instances communes.

Le syndicat citoyen s'inscrit dans l'expérimentation de nouvelles filières démocratiques susceptibles de combler les graves lacunes des filières démocratiques traditionnelles, telle la représentation parlementaire, attribuables notamment au corporatisme accru et à la toute-puissance des médias.

Pas un parti politique

Il y a un tel vide politique au Québec que dès qu'un individu ou un mouvement se démarquent, on voudrait qu'ils se transforment en chef ou en parti politique. Mais on ne peut et ne doit pas tout faire à la fois. Jacques Proulx répète que Solidarité rurale, en raison de sa structure comme coalition de grands organismes nationaux (dont l'UPA) et de son rôle d'organisme-conseil auprès du gouvernement en matière de ruralité, a choisi de travailler au niveau de la ruralité, sans entrer sur le terrain technique et politique de l'organisation et de la politique agricole. Pour sa part, l'Union paysanne veut promouvoir et construire des économies locales qui puissent compter sur l'agriculture, la forêt, la pêche, les mines, l'écotourisme, l'eau et autres ressources naturelles pour redynamiser les communautés locales et occuper le territoire.

La voie parlementaire est aussi indispensable, surtout si nous arrivons à obtenir une réforme adéquate du mode de scrutin et du système parlementaire. Il faut

« Seuls des agriculteurs peuvent représenter des agriculteurs : les citoyens ne peuvent parler pour les agriculteurs ni leur dire quoi faire... »

Ou la fable du loup et de l'agneau

Selon cette logique, on devrait aussi interdire aux journalistes qui ne sont pas agriculteurs d'écrire ou de parler d'agriculture, à ceux qui ne sont pas médecins de s'intéresser à la santé. D'autre part, étant donné qu'environ la moitié du revenu net des agriculteurs provient des coffres de l'État, le contribuable n'a-t-il pas voix au chapitre ? Nous ne règlerons jamais les problèmes de cohabitation et d'environnement si la discussion est interdite à plus de 99 % de la population. Lorsque des éleveurs sont les seuls autorisés à discuter d'épandage de fumier dans une région, comment s'étonner que des questions comme la santé, l'emploi, les activités récréatives et touristiques ou l'occupation du territoire ne soient pas considérées comme des priorités ?

L'Union paysanne croit au contraire qu'il ne faut surtout pas laisser la totalité de la forêt aux papetières, les océans à l'industrie de la pêche et encore moins la zone verte à l'industrie porcine, qui risque de lui faire perdre sa couleur... Dans le but de permettre un vrai débat, elle accueille dans ses rangs, aux côtés des agriculteurs, des personnes étrangères à l'agriculture, lesquelles sont de plus en plus nombreuses à prendre conscience des problèmes des agriculteurs et des impacts de l'agriculture industrielle.

que d'autres occupent également cette tribune pour y défendre les mêmes objectifs que nous, notamment une volonté d'occuper notre territoire qui se reflète dans toutes les interventions gouvernementales.

La Constitution de l'Union paysanne trace clairement la ligne entre son organisation et les partis politiques : « L'Union paysanne et les membres de son conseil de coordination peuvent prendre des positions politiques, appuyer le programme et les candidats d'un parti politique, pourvu que ce soit dans le sens des orientations de l'Union paysanne, mais ne peuvent pas s'affilier ou devenir membres d'un parti politique ni se transformer en parti politique ou poser leur candidature pour un parti politique. »

Vía Campesina

Dès le départ, l'Union paysanne a pris contact avec le mouvement paysan à travers le monde. Des mouvements paysans de près de 50 pays, occidentaux et autres, se sont regroupés dans Vía Campesina, dont le siège social est au Honduras. L'Union paysanne est maintenant membre participant de Vía Campesina et devrait obtenir son affiliation au cours des prochains mois.

Partout dans le monde, l'entrée des produits agricoles dans les négociations de libre-échange fait perdre leur autonomie à l'agriculture et aux populations locales. Partout dans le monde, les grands producteurs agroalimentaires et leurs produits prennent la place des paysans et des produits locaux. Partout dans le monde, le libre marché des produits agricoles constitue une menace pour les agricultures locales et entraîne rapidement la prolétarisation des agriculteurs et l'exode rural.

Partout dans le monde, la mondialisation standardise l'alimentation et rend des populations dépendantes de quelques grandes multinationales qui contrôlent les semences, la production et la distribution alimentaires. C'est pourquoi Vía Campesina, au nom de la souveraineté alimentaire des pays, demande carrément le retrait de l'OMC du domaine de l'agriculture.

Tous les mouvements paysans s'opposent à l'aide aux exportations agroalimentaires et exigent que celles-ci respectent la souveraineté alimentaire des pays et soient équitables, c'est-à-dire évitent toute forme de dumping ou d'exploitation menaçant l'équité sociale.

Chaque pays a le droit de se nourrir à partir de ses ressources : c'est là le but premier de l'agriculture, auquel les échanges et l'exportation des surplus ne doivent pas contrevenir. Vía Campesina s'est donné pour mission de faire valoir ce droit.

Un mouvement de fond, un mouvement rassembleur

En un an, le mot « paysan », qui était à peu près inexistant au Québec, aussi bien hier qu'aujourd'hui, est devenu porteur d'un mouvement de fond qui rejoint toutes les couches de notre société, jeunes ou vieux, ruraux ou urbains, agriculteurs ou citoyens. L'Union paysanne a des membres à Montréal aussi bien que dans la Baie-des-Chaleurs ou en Abitibi. Elle compte parmi ses membres des étudiants, des producteurs artisans, des acériculteurs, des forestiers, des producteurs de porcs, de lait, de bovins, de lapins, d'autruches, des agronomes, des vétérinaires, des biologistes, des paysagistes, des avocats, des groupes sympathisants de divers horizons.

L'Union paysanne est tout de suite apparue à une foule de gens comme un signal de réveil et d'espoir qui redonne le goût de s'engager :

Espoir de retrouver notre statut de citoyens capables prendre la parole sur les enjeux de notre société ;

Espoir de mettre un frein à la pollution de l'eau et des rivières ;

Espoir de pouvoir exiger des aliments sains qui ne donnent pas le cancer, des allergies ou quoi encore ;

Espoir de pouvoir résister à la standardisation des aliments ;

Espoir de mettre fin au déclin des villages et au saccage de la campagne ;

Espoir d'un retour à la nature, au bon sens, à des valeurs autres que l'argent et le commerce.

Le mot « paysan » a une résonnance fondatrice en chacun de nous. Il y a un paysan qui sommeille en chaque Québécois, qu'il habite la ville ou la campagne. Au Québec, les gens ont quitté la campagne il y a à peine 50 ans. Le lien est encore vivant. L'Union paysanne appelle à une offensive populaire contre la malbouffe et pour le retour au pays réel, au territoire, à la terre, à l'appartenance, à nos racines, à la nature, à la Vie en somme. Ce mouvement de fond révèle jusqu'à quel point les gens se sentent impuissants devant l'économie dominante. Il y a là un potentiel politique considérable.

Cependant, pour pouvoir répondre aux attentes et aux aspirations, l'Union paysanne doit se donner les moyens de grandir et d'agir. Le défi est énorme. Elle aura besoin de temps pour s'organiser, former ses membres, découvrir ses leaders, structurer ses revendications. Pour mener à bien ses actions, elle doit compter sur l'appui d'un grand nombre d'agriculteurs et de citoyens conscients de l'urgence de contrer l'industrialisation de l'agriculture et de favoriser une agriculture paysanne.

Conclusion

Retrouver le paysan qui besogne en chacun de nous

La plus grande menace qui pèse sur notre époque est celle du dérèglement de la nature et des écosystèmes fragiles de notre planète improbable.

Les dangers d'un monde chimérique

Incapables depuis un bon moment d'adorer et d'invoquer la nature, non contents d'en faire partie, résolus plus que jamais à la dompter, à la dominer et à l'exploiter, nous avons ces derniers temps entrepris follement de la modifier et de la « reformater » en fonction de nos besoins étroitement économiques. L'aventure de la transgenèse pousse encore plus loin cette entreprise sacrilège de création d'un monde chimérique. Dans un de ses sites Internet, Monsanto justifie la création d'organismes génétiquement modifiés par le fait que nous avons atteint un plafond dans l'utilisation de la nature telle qu'elle est, et qu'il est devenu nécessaire, si nous voulons répondre à d'autres besoins, de modifier et de « perfectionner » la nature des êtres vivants.

La nature qui nous entoure est effectivement de plus en plus modifiée : les forêts replantées sont artificielles, les aliments sont trafiqués, les matériaux sont synthétiques, les plantes et les animaux sont transformés en chimères brevetées, les semences sont transgéniques et stériles, la reproduction est pharmaceutique, l'eau est contaminée ou traitée, l'agriculture est chimique et industrielle...

Toutes ces interventions imprudentes et spéculatives dans la fine horlogerie de la nature ont gravement endommagé le fonctionnement des écosystèmes naturels, dont nous continuons à dépendre comme êtres vivants improbables sur une planète apparemment unique. La nature est en passe de se détraquer. Elle donne déjà des signes inquiétants de dérèglement : dégénérescence et disparition d'espèces vulnérables, apparition de maladies incontrôlables comme le cancer, le sida, les allergies ou l'alzheimer, infertilité et féminisation des mâles, précocité sexuelle et hyperactivité des enfants, contamination de l'eau, disparition de la couche d'ozone, fonte des glaciers, grandes épizooties. Et il y a lieu de croire que le pire est à venir : contamination génétique, guerre biologique, réchauffement de la planète avec la séquence de catastrophes qu'il déclenchera, rareté de l'eau, épuisement des ressources, vieillissement de la population, angoisse et désarroi de l'être humain.

La sagesse paysanne, gardienne de la vie

Dans ce monde chimérique en perte de contrôle, la sagesse paysanne apparaît de nouveau comme la gardienne par excellence de la Nature et de la Vie. Le paysan est en quelque sorte un mythe fondateur de la présence humaine sur la Terre. Traditionnellement, il vit et travaille avec la nature et non contre elle. Il se perçoit comme faisant partie intégrante de la nature, de ses lois et de ses rythmes, et non comme son maître. Il cherche à la connaître et à s'y allier. Il la cultive, il ne l'exploite pas. La nature est sa mère, non son objet ou sa propriété. Il vit et travaille au rythme des saisons, lié au temps, attaché à un territoire, enraciné dans une terre. Son rapport à la vie et à la nature n'est pas cérébral ou spéculatif ; il est physique, corporel et vital. Il crée littéralement sa vie, sa nourriture, son habitat, son héritage, sa relation au monde. Il est essentiellement famille : sur une ferme paysanne, la femme, l'homme et les enfants ne sont pas des individus indépendants ayant chacun leur carrière et leur réseau de relations, et se croisant tout juste à certains moments : ils sont indissociables et forment une chaîne de survie. Cette appartenance à un territoire, cet enracinement dans une « terre natale et nourricière », selon l'expression du grand poète québécois Gaston Miron, génèrent une force tranquille, une assurance, une fierté, une certitude, une estime de soi qui sont l'image même du bonheur et de la santé.

La redécouverte des finalités naturelles

Dans une civilisation où le commerce a perverti et détourné toutes les ressources et toutes les activités humaines, la sagesse paysanne nous ramène aux finalités naturelles. Finalité naturelle de l'agriculture, qui est de nourrir, d'entretenir et d'habiter le pays ; finalité naturelle de la sexualité, qui est de rajeunir sans cesse la vie et de survivre au temps ; finalité naturelle du travail, qui est de créer et d'inventer la vie et la communauté ; finalité naturelle de la famille, qui est de soutenir et enraciner l'être humain ; finalité naturelle du temps, qui est le rythme et la diversité ; finalité naturelle de l'espace, qui est l'appartenance ; finalité naturelle de l'environnement, qui est l'adaptation et la culture qui en résulte ; finalité naturelle de la culture, qui est l'art de vivre dans son environnement ; finalité naturelle de la religion, qui est de nourrir un rapport de confiance envers la nature et la vie qui nous anime.

Retrouver le paysan qui besogne en chacun de nous

L'homme moderne, avec ses chimères, ne surmontera son sentiment d'égarement et l'angoisse provoquée par la perte de contrôle et l'absence de références qu'en recontactant le paysan qui besogne en lui. Rétablir le contact avec nos racines, notre corps, notre territoire, notre pays natal, l'environnement, la nature, la vie : c'est là que se cachent la certitude et la connaissance profonde. Retrouver les finalités naturelles et réinventer à partir d'elles la geste de nos vies et de nos communautés. Les grands mythes de la Terre-Mère, du Soleil-Père, de l'Eau qui régénère, du Feu vivifiant et protecteur, de l'Animal-frère, de l'Arbre de vie, du Jardin d'Éden, sont des mythes incontournables qui définissent encore aujourd'hui les chemins de la sagesse et du bonheur. Comme le disait déjà le poète Virgile: *O nimis felix agricola, qui nescit felicitatem suam* (Ô trop heureux paysan, qui ignore son bonheur).

Les premiers qui doivent renouer avec la sagesse paysanne sont les agriculteurs eux-mêmes, qui se sont laissé piéger dans l'agriculture industrielle, productiviste, chimérique. Le paysan breton André Pochon (*Les champs du possible, Les sillons de la colère*), José Bové (*Le monde n'est pas une marchandise*), les leaders brésiliens des Mouvement des sans terre sont les nouveaux prophètes de ce retour à la sagesse paysanne et à l'agriculture paysanne. Ils résistent avec raison aux politiques actuelles qui font de la nourriture et de ceux qui la produisent une simple marchandise et une monnaie d'échange dans les marchés mondiaux, entraînant la destruction des agricultures locales, la standardisation et la détérioration de l'alimentation, le saccage de l'environnement et le dépeuplement des campagnes. L'Europe, la Suisse en tête, recommence à se préoccuper de sa ruralité. Au Québec, l'Union paysanne récemment créée pour faire contrepoids au syndicat unique obligatoire et ouvertement productiviste qu'est l'UPA, rejoint le mouvement et suscite un intérêt sans précédent, tant chez les citoyens que chez les producteurs agricoles. En faisant appel au paysan qui sommeille en chacun de nous, l'Union paysanne réintroduit le citoyen dans la négociation des grands enjeux de l'agriculture et de l'alimentation, et renoue avec la sagesse paysanne.

Réoccuper notre territoire

Pour la première édition de la Fête paysanne du Québec, l'Union paysanne invitait « ceux qui aiment la terre et prennent plaisir à en vivre » à Saint-Louis-de-Gonzague, un petit village de l'arrière-pays de la Baie-des-Chaleurs, et proposait comme thème de ce premier rendez-vous paysan « Réoccuper le territoire » : réoccuper nos villages fermés, nos terres abandonnées, nos forêts rasées, nos rivières privatisées...

Le village de Saint-Louis est une illustration frappante de ce thème. Fondé en 1888, sur un haut plateau qui surplombe la baie des Chaleurs, le village a été fermé en 1972 par nos sociologues apprentis-sorciers du Bureau d'aménagement de l'Est du Québec (BAEQ), qui l'avaient classé parmi les communautés « économiquement non rentables et socialement non viables », selon leur expression, toujours en vogue d'ailleurs. Du village lui-même, il ne reste que le cimetière. On a même enlevé l'asphalte de la route qui y menait pour s'assurer d'effacer le souvenir de l'occupation humaine. On a reboisé une bonne partie des terres et reclassé le territoire comme zone forestière. Une famille d'irréductibles y est toutefois demeurée, protégeant plusieurs terres cultivées et entretenant à ses frais les chemins d'hiver.

La grange de Saint-Louis où a eu lieu la première Fête paysanne du Québec est située à l'endroit même de la première chapelle, nommée Mission Saint-Louis. Elle est occupée par 11 jeunes gens, venus d'un peu partout au Québec, qui y habitent et la transforment patiemment en centre de services pour l'*écovillage* qu'ils tentent de créer avec une douzaine d'autres jeunes qui ont acheté des terres autour d'eux et s'y installent. Pour réoccuper le territoire et le cultiver, ils devront négocier avec la MRC un changement de zonage.

La relation au territoire comme condition de survie

Le rêve et la lumière qui habitent le regard de ces jeunes « colons » du XXIe siècle nous plongent au cœur de la relation au territoire comme fondement de tout être humain. Récemment, mon fils de 16 ans et ses amis ont été saisis d'une passion soudaine pour la montagne près de chez nous, au point d'y camper deux fins de semaine en plein mois d'avril pour l'explorer, y observer les rapaces qui la survolent, photographier ses falaises et ses arbres rabougris. Au début, je n'y ai vu qu'une sorte de régression de petits gars en mal de jouer aux Indiens. Mais je me suis pris à penser que ce besoin de s'approprier son territoire, de le connaître, d'en faire partie, est peut-être une étape essentielle de l'initiation masculine : l'instinct du chasseur, du cueilleur, du protecteur, du paysan. Je me suis pris à penser que tout être humain a un besoin vital de s'enraciner dans un territoire, de s'en nourrir, de lui appartenir, d'y fabriquer son identité. L'identité se constitue à partir du territoire. Même la famille et le couple sont une sorte d'enracinement, un enracinement génétique et corporel. Sans cet enracinement historique, familial, territorial, alimentaire, culturel, il n'est sans doute pas possible de développer une identité et une assurance ; et sans elles, il est impossible de développer une estime de soi et une confiance en soi. Le moi est physique, corporel, territorial, enraciné dans l'espace et le temps.

Le grand chef apache Geronimo répondait aux Américains qui voulaient le convaincre de venir habiter avec son peuple dans les réserves de l'Est : « Si on déplace un Apache dans un autre territoire, il va mourir, car il ne saura pas, dans ce nouveau territoire, quels fruits il peut manger sans danger, quelles plantes peuvent le guérir, quels animaux peuvent lui servir et comment se comporter avec eux. » Le géographe français Pierre Deffontaines concluait son livre sur *L'homme et l'hiver au Canada*[1] en suggérant que le Québécois est un Français qui a passé 423 hivers au Canada, tant il est vrai que la culture, et donc l'identité collective, est la façon qu'a trouvée une communauté donnée de répondre à ses besoins vitaux dans un environnement donné.

Nous retrouvons cette nécessité de l'enracinement à tous les niveaux de la vie. L'arbre se construit à partir de ses racines fixées dans le sol qui lui convient. Chez l'animal, qui peut se déplacer grâce à son système nerveux, la relation vitale à son habitat naturel s'établit par l'instinct. Chez l'homme, cette relation devient conscience, appartenance, culture, communauté, identité.

Le syndrome de l'apatride

L'homme moderne croit s'être affranchi de cette nécessité d'une relation vivante au territoire, au « pays natal »

1. Pierre Deffontaines, *L'homme et l'hiver au Canada*, Paris, Gallimard, 1957.

dont parle Gaston Miron. Nos aliments viennent de n'importe où, la famille n'est plus qu'un lieu de passage, nous sommes citoyens du monde, la carrière et les fonds de retraite sont nos patrimoines, la télévision, le téléphone, l'ordinateur, la montre, l'air climatisé et l'éclairage artificiel ont remplacé nos rapports réels et physiques avec le monde, les animaux et les personnes.

Le grand chef Seattle ne craignait pourtant pas d'affirmer : « Si tous les animaux disparaissaient, l'homme mourrait de solitude. » Et effectivement, l'homme moderne meurt de solitude et de détresse personnelle et doit combler l'absence d'identité et de relation au territoire par une activité « extrême ». Sans appartenance, il devient facilement asocial et irresponsable. Sans contact avec soi comme être vivant branché, il ne peut plus établir de véritable relation avec les autres. Il devient spectacle ou pouvoir. Les jeunes de la Grange de Saint-Louis qui nous invitaient chez eux témoignent de cette nécessité inéluctable de la relation au territoire. L'occupation du territoire dont ils nous parlent ne fait pas référence à la conquête d'un pays mais à l'appartenance à un pays : il ne s'agit pas d'un nationalisme de pouvoir ni d'un nationalisme ethnique mais d'un enracinement de l'être, condition d'épanouissement et d'ouverture sur le monde. Un pays qui n'occupe pas son territoire ne peut avoir d'identité. Il est comme un arbre sans racines, coupé de la richesse qui le constitue. Un être sans racines est un moi à la dérive, à la limite un schizophrène.

Appendice I

Les sillons de la colère

Manifeste d'André Pochon [1]

Je suis paysan, contribuable et citoyen. J'ai été fier de travailler la terre et de soigner mes bêtes. J'ai été fier aussi d'avoir poussé à la modernisation, présidé une coopérative, milité dans un syndicat agricole, négocié une politique, et bien d'autres choses encore. J'ai pris mes responsabilités mais aujourd'hui, devant l'irresponsabilité qui nous accable, je dis que c'en est assez.

Assez des nitrates au robinet et dans nos aliments !

Assez de l'eutrophisation de nos cours d'eau et des algues vertes dans nos baies !

Assez de nos paysages saccagés, de ces arasements de haies et de talus qui aggravent inondations et tempêtes, et de ces drainages intempestifs !

1. André Pochon, *Les sillons de la colère. La malbouffe n'est pas une fatalité*, Paris, Éditions Syros, 2001, p. 121-126.

Assez de tous ces aliments reconstitués !

Assez de la nourriture insipide, des cuisines « centrales » imposées à nos enfants dans les écoles et aux malades dans les hôpitaux !

Assez des poules en cage et des cochons sur lisier !

Assez des odeurs pestilentielles !

Assez des camps de concentration pour animaux !

Assez des apprentis sorciers des organismes génétiquement manipulés (OGM) !

Assez du gaspillage énergétique qui met en péril l'avenir de notre planète. Il faut cinq fois plus d'énergie pour produire un litre de lait avec des vaches gavées au maïs qu'avec des vaches nourries à la prairie !

Assez de ces transports d'animaux vivants dans tous les sens, en Europe et même dans le monde, pour le profit de quelques-uns ! Quel gaspillage ! Et quel danger ! Les maladies se propagent vite ainsi, on le voit avec la fièvre aphteuse ou la peste porcine. Et l'on voit ce qu'il en coûte à la collectivité pour enrayer les épidémies : 12 millions de porcs à l'équarrissage en 1998, 5 millions de bovins à incinérer pour lutter contre la vache folle, et nul ne sait encore combien d'animaux seront brûlés sur place pour enrayer la fièvre aphteuse.

C'est bien évident, le citoyen-contribuable paie. Est-ce cela la performance économique ? Il s'agit au contraire d'un gaspillage énorme. Ce gaspillage prend sa source dans un système marchand poussé à l'extrême par souci de gagner quelque argent sur des transactions. Même nos coopératives agricoles participent à ce jeu.

Les cochons, ovins et bovins doivent être engraissés là où ils naissent. Il n'y a pas de gain réel à séparer le naissage de l'engraissement, bien au contraire. Le système naisseur-engraisseur a été un atout considérable pour le modèle breton de production porcine (si discutable par ailleurs) et explique sûrement qu'il soit passé jusqu'ici à côté de la peste porcine.

Assez de gigantisme, comme ces abattoirs immenses, subventionnés même par l'Europe, qui ont éliminé les abattoirs de proximité ! Au nom des économies d'échelle (plus la production s'accroît, plus elle serait efficace) et de la surveillance sanitaire. Mais a-t-on calculé le coût global ? Encombrement de la circulation, pollution atmosphérique par les gaz d'échappement, pollution de l'eau qui ruisselle des chaussées chargées de métaux lourds...

A-t-on pris en compte le stress des animaux supportant des heures de transport, entassés, coincés et brutalement libérés dans des parcs d'attente où les chevauchements sont inévitables, alors que l'on sait pourtant l'importance de ce stress sur la qualité de la viande ? Il faut revenir à des abattoirs de proximité et en terminer avec cette mode de la concentration dans tous les domaines, présentée comme le summum du progrès.

Nous ne pouvons plus tolérer un tel gâchis. Nous ne pouvons accepter plus longtemps que notre argent, nos impôts servent à conforter le modèle productiviste désormais au ban de la société. Le drame de la vache folle et autres poulets à la dioxine nous ouvre enfin les yeux.

Non à ces milliards dépensés pour soutenir les gros céréaliers, l'élevage industriel, le maïs-fourrage et l'irrigation !

Non à une politique totalement incohérente qui, en définitive, a laminé les paysans, saccagé les paysages, pollué l'eau, l'air, nos baies marines et nos assiettes, pour le seul profit des multinationales et de l'agro-business !

Non à une profession agricole arrogante et totalitaire qui impose depuis 30 ans sa politique aux gouvernements de la France. Non à un syndicat agricole qui a organisé la disparition des deux tiers de ceux qu'il était censé défendre !

Non à une cogestion qui tient le ministère de l'Agriculture en otage ! La politique agricole de la France est l'affaire des citoyens, qui sont tous concernés. Il faut sortir le débat agricole du corporatisme paysan. L'Allemagne l'a compris, la France doit faire aussi ce choix.

Les sillons de l'espoir

Nous exigeons donc une politique agricole enfin cohérente, centrée sur l'Europe et non sur le mirage des exportations. Nous exigeons que le budget européen consacré à l'agriculture serve à réorienter la production vers un développement durable : les primes doivent être réservées aux seuls agriculteurs qui s'engagent sur des cahiers de charges rigoureux, qui assurent le respect de l'environnement et qui garantissent des aliments sains et de qualité ; les aides doivent être plafonnées pour chaque exploitation et modulées en fonction de l'emploi.

Nous exigeons la suppression immédiate de la prime au maïs-fourrage, à l'irrigation, à l'élevage intensif des taurillons. L'argent ainsi économisé servira aux dépenses supplémentaires occasionnées par la crise de la vache folle et de la fièvre aphteuse. Il est hors de question d'augmenter encore le budget européen consacré à l'agriculture. Les céréaliers doivent être solidaires des éleveurs et accepter de diminuer leur propres primes.

Nous exigeons la même prime à la surface pour tous les départements : il est scandaleux que plus la terre est riche plus la prime est élevée.

Nous exigeons une prime à la surface fourragère équivalente à celle des céréales, en remplacement des primes par animal. C'est cette prime unique « à la surface » qui sera conditionnée au respect des cahiers des charges rigoureux.

Nous exigeons une taxe sur le transport des animaux vivants proportionnelle à la distance parcourue.

Nous exigeons la fin des élevages concentrationnaires, l'interdiction des pesticides les plus nocifs, une taxe sur l'azote et les pesticides.

Tout cela est possible et, notamment avec le réseau Agriculture durable, nous avons montré qu'une agriculture autonome et économe était économiquement et socialement durable, respectueuse du consommateur et de l'environnement. Un des premiers combats doit être le maintien de la préférence communautaire. À partir de ce socle, subventions et primes deviendront inutiles : le paysan vivra — et vivra bien — de la vente de ses produits dont les prix seront déterminés par le marché, car l'agriculture autonome ne produit pas d'excédent.

C'est à ces conditions qu'une ère de prospérité s'ouvrira à nouveau pour l'Europe et qu'une cohabitation tranquille s'établira entre paysans et citadins.

Les conditions sont plus favorables que jamais pour cette remise à plat de la PAC[2] et pour aboutir à la réforme que nous souhaitons. Si l'opinion se mobilise pour faire front et repousser les lobbies qui — ne soyons pas naïfs — ne désarmeront pas, une nouvelle politique agricole est possible, résolument orientée vers le soutien aux petites et moyennes exploitations, vers le soutien à des méthodes de production durable.

Mais attention : on ne gagnera pas en aggravant la « sinistrose » et l'inquiétude, on ne gagnera pas seulement en critiquant. Il faut aussi avancer des propositions réalistes, constructives, clairement expliquées à l'opinion. Les prophètes de malheur pour qui les multinationales auront toujours le dernier mot, pour qui la concentration des exploitations est inéluctable ne rendent pas service à la cause du développement durable. Contre cela aussi, il nous faut lutter.

Mais les hommes ont toujours su vaincre les difficultés, et les nôtres sont relativement faciles à résoudre. Nous en avons les moyens : le budget européen consacré à l'agriculture est un budget colossal. Et nous savons comment l'utiliser : nous avons l'expérience des pionniers de l'agriculture durable, de l'agriculture biologique, etc. Nous savons ce qu'il faut faire pour

2. Politique agricole commune.

retrouver l'eau pure et une alimentation saine. Il suffit d'en avoir la volonté. Le courage politique de résister à la pression des marchands de tout acabit. Avoir ce courage, voilà le défi !

Oui, il est possible de concilier une agriculture performante, qui fait vivre des paysans nombreux et prospères, avec un environnement préservé et une alimentation saine. Il n'y a pas d'opposition entre l'écologie et l'économie, pollution signifiant gaspillage.

Malbouffe et pollutions, paysages saccagés et campagnes vides ne sont pas une fatalité !

André Pochon

Quelques écrits d'André Pochon

La prairie temporaire à base de trèfle blanc, Plérin, Éditions CEDAPA-ITEB, 1996. (Adresse : 2, avenue du Chalutier sans pitié, F-22190 Plérin, France.)

Du champ à la source : retrouver l'eau pure, Spezet, Éditions Coop-Breizh, 1988.

Les Champs du possible. Plaidoyer pour une agriculture durable, Paris, Éditions Syros, 1999.

Appendice II

Faire de la place pour une agriculture qui construit le pays au lieu de le détruire

Message de Roméo Bouchard à l'ouverture du congrès de fondation de l'Union paysanne à Saint-Germain-de-Kamouraska, le 29 novembre 2001

Rebâtir les campagnes

IL Y A CINQ ANS, ici même, dans cette salle, 250 agents de développement rural de tout le Québec étaient réunis pour le rendez-vous *Rebâtir les campagnes*. Les ministres Harel, Trudel et Chevrette étaient venus y annoncer le choix du gouvernement de déconcentrer les structures de soutien au développement régional vers les MRC.

Sauver les campagnes

Il y a deux ans, ici même, toujours dans cette salle, s'ouvrait le premier rendez-vous *Sauver les campagnes*, convoqué par le comité de citoyens de Saint-Germain, incapable de faire face seul à la loi 23 qui ignore les droits des citoyens pour laisser la place libre à n'importe quelle industrie agricole, quels que soient ses effets dégradants pour le milieu. Lors de ce rendez-vous, avaient répondu à l'appel un nombre impressionnant de chefs de file des luttes menées un peu partout au Québec contre une exploitation dévastatrice des ressources de la campagne : Louise Vandelac (l'eau et la transgenèse), Pierre Dubois (la forêt boréale), Jacques Proulx (la ruralité), Élise Gauthier (les usines de traitement de déchets toxiques au Saguenay), Patrick Rasmussen (les mégaporcheries en Mauricie, Mouvement vert de Mauricie), Maxime Laplante (comité Respires dans Lotbinière), Harvey Mead et Denis Boutin (Union québécoise pour la conservation de la nature), Anne-Marie Lafontaine et Alain Saladzius (Les Amis de la Batiscan, aux prises avec un projet de barrage privé de Boralex), Élisabeth Voogt (Équiterre), Hugo Latulippe (cinéaste de l'ONF), Denis Trottier (gestion environnementale au Lac-Saint-Jean), Michel Laferrière (spécialiste de l'eau, Santé publique), ainsi que des représentants des comités de citoyens de Sainte-Luce, Saint-Louis-du-Ha Ha, Pohénégamook, Cabano, Saint-Côme, Sainte-Croix, etc.

Tous étaient unanimes à dénoncer un modèle d'exploitation qui, loin de profiter à la campagne, la dépeuple et la détruit. Tous réclamaient le droit de l'ensemble des citoyens ruraux de partager la campagne et de se prononcer sur les projets industriels, agricoles ou autres, qui la menacent.

Dans les mois qui ont suivi, la coalition Sauver les campagnes a pris de plus en plus conscience que ce modèle d'exploitation, particulièrement dans les mégaporcheries intégrées avec gestion liquide des fumiers, était en grande partie responsable de la pollution de l'eau potable et des cours d'eau, de la dégradation des sols, de la désertification et du dépeuplement des campagnes, des nouvelles menaces à la santé publique, de la piètre qualité de l'alimentation produite dans les élevages industriels standardisés où on utilise abondamment les antibiotiques, les hormones de croissance, les aliments à base d'OGM, les farines carnées et les fumiers recyclés, et où on retrouve des conditions inacceptables et concentrationnaires pour les animaux. Bref, ce modèle d'exploitation entraîne un appauvrissement culturel, social et économique de l'ensemble des citoyens.

La Coalition a mené une lutte vigoureuse contre la loi 23 et la loi 184, notamment par des mémoires retentissants présentés aux deux commissions parlementaires qui ont été tenues à ce sujet. La Coalition a lancé le débat sur l'agrobusiness et l'appui des dirigeants de l'UPA et du gouvernement à une agriculture orientée vers le commerce d'exportation, à la suite du Forum des décideurs de Saint-Hyacinthe.

Repenser l'agriculture

À la suite du colloque sur une alternative à l'agriculture industrielle tenu à Sainte-Croix, où 35 dirigeants supérieurs de l'UPA ont tenté d'étouffer le mouvement, il est apparu clairement que la seule façon de faire valoir cette alternative était de constituer un syndicat alternatif pour faire contrepoids au puissant lobby de l'UPA et de l'industrie agroalimentaire et forcer nos dirigeants politiques à faire une place à l'agriculture paysanne. Celle-ci, en effet, constitue le seul moyen efficace de créer des emplois dynamiques en milieu rural, de produire une alimentation diversifiée et adaptée aux besoins des gens, d'entretenir l'environnement et le paysage et de maintenir l'occupation vivante du territoire. Nous avons donc créé le comité provisoire de l'Union paysanne, le 27 mai dernier, dans cette salle encore une fois.

L'Union paysanne

La réponse a été renversante dans tout le Québec. À la rencontre de départ, nous attendions 15 personnes : il en est venu 50. Nous avons actuellement plus de 1000 membres, dont plus de la moitié sont directement reliés à la production agro-alimentaire, les autres y étant associés par leur métier ou par leur intérêt, comme citoyens, à bien s'alimenter ou à préserver les campagnes. Une nouvelle solidarité prend forme rapidement entre les producteurs-paysans, les urbains responsables, les ruraux, les restaurateurs, les aubergistes, les jeunes, sans oublier les producteurs conventionnels, préoccupés de voir leur Union soutenir davantage l'agriculture lourde que la ferme familiale à dimension humaine et transmissible, de voir les intégrateurs s'emparer des terres et des quotas et faire disparaître les fermes laitières familiales.

Les médias nationaux et régionaux ont également manifesté une compréhension exceptionnelle et un vif intérêt envers notre discours.

L'équipe de base et *Bacon, le film*

Le travail qu'a dû accomplir la petite équipe de base pour répondre à cet engouement et à toutes ces demandes est ahurissant, presque surhumain. Les outils, notamment le site Internet, l'équipement et le secrétariat, sont venus s'ajouter progressivement au rythme de nos moyens. La parution du film *Bacon* et la tournée qui l'a accompagné à travers toutes les régions du Québec ont permis aux responsables d'aller recruter et rencontrer des membres dans toutes les régions du Québec. Hugo Latulippe (réalisateur du film) a aussi abattu un travail de titan. Et maintenant, ce sont les équipes régionales de l'Union paysanne qui prennent la relève sur leurs territoires respectifs : à Pintendre, à Elgin, à Nicolet, en Abitibi, à Montréal, etc.

Que veut l'Union paysanne ?

Pourquoi tout ce branle-bas national, ce remue-ménage et ce remue-méninges qui inquiètent le club tranquille des décideurs en agroalimentaire ? Que veut l'Union paysanne ?

Mettre fin au monopole syndical

Soyons clairs dès le départ. Nous ne voulons pas détruire ni remplacer l'UPA : nous voulons qu'on rétablisse la liberté d'association. Nous ne voulons plus d'un syndicat unique obligatoire, qui pousse tout le monde à la production intensive et standardisée et s'acharne à détruire tous ceux qui veulent s'adonner à une agriculture alimentaire et humaine.

Nous ne voulons plus d'un monopole syndical qui se prolonge en monopole sur la zone verte, sur la production avec les quotas, sur la mise en marché avec les plans conjoints, sur le financement public avec la Financière agricole, ainsi qu'en monopole de représentation dans les instances gouvernementales et municipales. Nous désirons mettre fin à un monopole qui favorise en quelque sorte le contrôle du territoire rural par un parti unique dirigé par les grands intégrateurs, les grandes coopératives et les grands propriétaires terriens qui sont en train de vassaliser la campagne.

Faire de la place pour une autre agriculture

Nous voulons faire de la place pour une autre agriculture, une agriculture durable, une agriculture paysanne, qui construit le pays au lieu de le détruire, qui ramène la bonne bouffe et la santé dans nos maisons, une agriculture qui nous débarrasse des pesticides, des OGM, des hormones de croissance, des farines carnées, des animaux en captivité, des déserts de maïs. Et ça, ça intéresse beaucoup de monde, qu'ils soient de l'UPA ou non, qu'ils soient bio, naturels ou conventionnels, qu'ils soient en ville ou à la campagne, en zone verte ou en zone blanche, producteurs ou simples citoyens. Nous voulons offrir une alternative à l'agriculture industrielle et à la malbouffe.

Priorité aux fermes à échelle humaine

Nous voulons qu'on donne la priorité aux fermes familiales, diversifiées, qui veulent transformer et vendre à la ferme, nourrir leurs proches, créer des nouveaux produits et des emplois locaux, prendre soin de leur environnement, de leurs terres, de leurs animaux. Nous voulons qu'on cesse de chercher, par tous les moyens, à éliminer ces fermes paysannes ou à les forcer de vendre leurs produits à gros prix au moyen de réglementations mesquines et insensées, d'inspecteurs toujours prêts à les harceler plutôt que de s'attaquer à ceux qui déversent sans contrôle des milliers de tonnes de lisier, de programmes de financement qui ne sont accessibles qu'aux grands producteurs.

Réorienter les subventions à l'agriculture

Nous voulons que les subventions et les réglementations soient modulées de façon à favoriser les fermes de taille raisonnable qui utilisent des méthodes de production respectueuses de la nature et de l'environnement, et qu'on cesse de subventionner les usines agricoles de quelques grands producteurs, qui ne causent que des problèmes.

Revenir aux porcheries sur litière compostée et au fumier solide

Nous ne voulons plus de mégaporcheries sur fumier liquide, néfastes et inutiles, puisque nous sommes plus qu'autosuffisants dans ce secteur et que notre balance commerciale y est plus que positive. Pourquoi avoir muselé les municipalités avec la loi 184 et laissé le champ libre aux intégrateurs ? Ceux-ci s'en donnent à cœur joie : des dizaines de projets de Côté-Paquette dans le sud du Québec ou de Breton à Packington, un autre projet de 3000 truies de Dynaco à Saint-Alexandre, pour ne nommer que ceux-là. Il est impératif de mettre fin à la construction de ces porcheries sur fumier liquide et de revenir à l'élevage sur litière compostée avec accès aux champs. Pour élever des animaux en santé, il faut leur assurer les conditions essentielles à leur bien-être : l'air, les champs, la liberté, le confort.

Élargir le statut de producteur

Nous trouvons scandaleux que 50 % du milliard de dollars publics qu'on investit actuellement dans l'agriculture, et qui constituent 50 % du revenu net moyen des agriculteurs, profitent à seulement 12 % des producteurs (les plus gros) alors qu'en bas de l'échelle, quelque 32 % des producteurs se partagent 7 % du gâteau, et que des milliers de petits producteurs et de producteurs à temps partiel, qui gèrent pourtant 50 % des fermes, n'ont aucun droit au statut agricole ni aux programmes agricoles. Nous pensons que tout individu qui cultive cinq hectares, élève cinq unités animales (une unité équivalant à une vache) ou produit pour une valeur de 5000 $ devrait avoir droit au statut de paysan.

L'agriculture de l'avenir

Est-ce un retour en arrière que de revenir aux règles et aux finalités fondamentales de l'agriculture, d'exiger une agriculture qui préserve l'eau potable, la qualité des aliments et les campagnes, de rétablir les droits primordiaux des citoyens, de demander que l'agriculture profite aux régions où elle s'exerce ? En 1951, on nourrissait plus sainement qu'aujourd'hui tout le Québec avec 140 000 fermes. Les 2 millions de porcs qu'on élevait étaient répartis dans ces 140 000 fermes, sur litière, nourris avec les produits de la ferme, ce qui ne créait pas de problème. N'est-il pas normal d'exiger qu'on remette en question des méthodes de production qui ne profitent qu'aux gros commerçants ?

Ce que nous demandons, ce n'est pas de revenir à la charrette à bœuf, mais de prioriser les fermes de taille raisonnable, qui envoient les animaux aux champs, qui compostent les fumiers avec les litières, qui diversifient leur production, la transforment et la vendent localement, qui occupent le territoire et partagent la campagne avec tous leurs concitoyens ruraux et urbains.

Un syndicat citoyen

Nous ne voulons pas un syndicat corporatif mais un véritable syndicat citoyen, une force collective, représentative, démocratique. Nous souhaitons réintroduire les citoyens dans la négociation collective visant à déterminer le type d'agriculture, d'alimentation et de campagne qui répondra à nos besoins. Nous croyons que des citoyens responsables peuvent dépasser leurs intérêts particuliers pour chercher ensemble à favoriser une agriculture et une alimentation profitables pour tous.

Une offensive collective

Cela doit être clair pour tout le monde : nous lançons ce soir une offensive collective en faveur de l'agriculture véritable, de l'avenir des campagnes, de la qualité de l'alimentation et de l'eau, de la santé de tous.

Appel au premier ministre
Nous demandons au premier ministre Bernard Landry de proposer une politique de la ruralité axée sur l'occupation du territoire, qui oblige les autres ministères à gérer les forêts, l'agriculture, la pêche, l'organisation municipale, les transports et la culture de façon à ce qu'ils contribuent à redynamiser les campagnes au lieu de les dépeupler.

Appel aux politiciens
Nous demandons aux politiciens de se tenir debout devant l'industrie et l'UPA et d'avoir le courage de réorienter les subventions qu'ils versent aux usines agricoles vers les fermes à échelle humaine.

Appel aux élus municipaux
Nous demandons aux responsables municipaux de rétablir la démocratie locale, de rapatrier leurs pouvoirs d'aménagement du territoire et de protéger leur milieu contre les projets et les méthodes d'exploitation dévastateurs.

Appel au ministre de l'Environnement
Nous demandons aux responsables de l'Environnement de cesser de laisser le sort de notre eau, de nos forêts et de nos sols entre les mains des grands producteurs, ou de s'appuyer sur des calculs inadéquats — du phosphore, par exemple —, et d'adopter des mesures effi-

caces pour limiter le nombre d'animaux à l'hectare et promouvoir la gestion des fumiers solides et compostés. Qu'ils exigent que l'aide de l'État soit conditionnelle à l'observance de cahiers de charges qui assurent la préservation des sols, de l'eau, des paysages et de l'environnement, le bien-être des animaux et l'occupation du territoire, soit une véritable écoconditionnalité.

Appel aux agriculteurs
Nous demandons à tous les producteurs, artisans et conventionnels, de reprendre le contrôle de leur métier et de s'unir pour ne pas se laisser étouffer par des quotas, des plans conjoints, des réglementations qui les condamnent à grossir ou à abandonner contre leur gré, de ne pas craindre d'appuyer nos revendications et de se dissocier au besoin d'une organisation dont ils sont de toute façon membres forcés.

Appel aux citoyens
Nous demandons aux citoyens, qui contribuent à l'agriculture par leurs impôts et dont la santé est liée à la qualité des aliments qu'ils mangent, de prendre la parole avec l'Union paysanne pour exiger une agriculture saine.

Appel aux membres de l'Union paysanne
Nous demandons à tous les membres de l'Union paysanne de défendre leur cause dans leur région, d'établir le lien entre les producteurs paysans et les citoyens de leur région, de défendre les petits producteurs persécutés dans leur coin, comme ce producteur biologique

d'Ayers Cliff qu'on veut empêcher d'élever 500 poulets hors quota pour ses clients, comme cette productrice de Lanaudière qui n'a le droit de vendre à la ferme que 2000 des 6000 poulets naturels qu'elle élève sous quota, comme le distributeur du Lait d'antan qu'on veut forcer à acheter un quota d'un million, comme ce boulanger d'Abitibi qu'on veut obliger à fermer parce qu'il pétrit son pain dans sa cuisine, comme tous ces petits fromagers qu'on force à racheter leur propre lait trois fois plus cher qu'ils l'ont vendu, comme tous ces éleveurs d'animaux à qui on interdit d'abattre à la ferme, ce qui les oblige à soumettre leurs animaux à des trajets cruels pour rejoindre les abattoirs industriels.

La campagne, une ressource indispensable à la survie humaine

La campagne est une ressource indispensable pour tous. Elle appartient à tous les Québécois qui en ont besoin pour se nourrir, se régénérer, s'instruire, prendre contact avec la nature et la vie, s'enrichir au contact de cultures différentes et habiter véritablement leur pays. L'eau, les forêts, les poissons, la nature, les animaux et la terre sont un patrimoine indispensable à la survie humaine. Ne laissons pas une poignée d'individus et de politiciens en mal de profit et de libre-échange nous les voler et nous les saccager.

Merci d'être ici et longue vie à l'Union paysanne !

Appendice III

Déclaration de principe de l'Union paysanne

L'Union paysanne a pour but de regrouper en une force collective organisée et représentative tous ceux qui sont en faveur d'une agriculture et d'une alimentation paysannes pour faire contrepoids au monopole de représentation syndicale et au puissant lobby de l'industrie agroalimentaire et des promoteurs du libre-échange en faveur d'un modèle industriel d'agriculture.

L'Union paysanne préconise une agriculture axée, d'une part, sur l'autosuffisance alimentaire en vue de procurer à notre population une nourriture saine et diversifiée, dans le respect de la nature, des sols, des animaux, de l'environnement et des communautés, et, d'autre part, sur l'occupation du territoire, de façon à assurer le maintien de campagnes vivantes avec des paysans nombreux.

L'Union paysanne favorise un régime agricole qui soutient et encourage:

- **les fermes à échelle humaine,** autonomes, diversifiées, créatrices d'emplois locaux, facilement transmissibles et ne dépassant pas en moyenne 100 unités animales, ou 100 hectares, ou 200 000 $ de chiffre d'affaires;
- **la transformation et la mise en marché à la ferme** ou dans des petites entreprises à caractère local, régional ou spécialisé;
- **des pratiques agricoles respectueuses** des sols, des animaux, de l'environnement et des humains, dont:
  - la rotation des cultures,
  - le pâturage et l'accès des animaux à l'extérieur,
  - la gestion solide des fumiers, l'utilisation des litières et le compostage des fumiers,
  - la limitation du nombre d'animaux à la capacité des terres cultivées,
  - la protection et la conservation de la biodiversité agricole,
  - la protection des cours d'eau et des nappes d'eau souterraines, des boisés et des paysages,
  - la gestion collective des bassins versants,
  - l'autosuffisance alimentaire pour les animaux de la ferme et une liste autorisée d'aliments et intrants, excluant les farines carnées, les hormones et les antibiotiques comme stimulants de croissance,
  - l'élimination des produits de synthèse, des OGM, du brevetage du vivant et de l'irradiation des aliments,
  - la taxation des intrants qui entraînent des coûts sociaux et environnementaux, incluant l'énergie;

- **l'ouverture du statut de producteur,** des programmes agricoles et des structures de production et de mise en marché (plans conjoints, quotas, réglementation, crédit agricole, zonage, etc.) pour faire de la place aux nouveaux producteurs, aux jeunes, aux producteurs à temps partiel, aux producteurs-transformateurs, à la vente à la ferme, à l'agriculture de proximité et de diversité ;
- **la démocratie rurale,** qui redonne à l'ensemble des citoyens ruraux le pouvoir d'aménager leur territoire et de se prononcer sur les projets industriels locaux par référendums décisionnels.

L'UNION PAYSANNE favorise également la foresterie et la pêche paysannes, afin que l'exploitation de ces ressources ne profitent pas qu'aux grandes exploitations d'exportation mais permettent aux citoyens des régions où elles sont localisées d'en tirer leur subsistance et leur développement, dans des entreprises diversifiées, à échelle humaine et familiale. La pêche côtière et la forêt périphérique devraient être réservées à l'exploitation paysanne.

L'UNION PAYSANNE soutient que pour atteindre ces objectifs, il est nécessaire de rétablir la liberté syndicale dans le monde agricole et de modifier la loi qui autorise l'accréditation d'une seule association pour représenter les agriculteurs, de façon à permettre à l'Union paysanne, une union constituée selon la loi des syndicats professionnels, de représenter officiellement les producteurs et citoyens concernés par la production et l'alimentation paysannes.

Appendice IV

Le financement de l'agriculture, ou l'État québécois en tant que Robin des bois...

par Maxime Laplante, agronome

L'agriculture québécoise est subventionnée. Cela n'est pas une maladie honteuse ni un phénomène unique puisque la plupart des pays soutiennent financièrement leur agriculture. Et ce n'est pas le seul secteur de notre économie qui reçoive l'aide de l'État. Les objectifs visés peuvent varier: souveraineté alimentaire, occupation du territoire, conquête de marchés d'exportation, rétablissement d'une balance de paiements, pression politique sur d'autres États, etc.

Au Québec, cependant, les objectifs de l'intervention de l'État ne sont pas toujours très clairs. En effet, nous n'avons toujours pas de politique de la ruralité digne de ce nom ni de stratégie de souveraineté alimentaire. Et puis, les politiques établies n'atteignent pas toujours l'objectif visé. Il arrive qu'une politique de création d'emplois favorise un secteur mais nuise à d'autres. Par exemple, l'appui accordé à la concentration des fermes continue de faire disparaître de nombreux emplois en milieu rural. En outre, les investissements de l'État n'aboutissent pas nécessairement là où il le faudrait.

L'aide peut prendre différentes formes. Elle peut être directement versée aux fermiers, comme dans le cas des subsides accordés aux producteurs de lait, de l'aide à l'établissement d'une valeur de 30 000 $ et des remboursements de 70 % des taxes foncières pour les entreprises agricoles. Le gouvernement peut également financer un programme d'assurances pour maintenir le prix des denrées agricoles. Actuellement, l'État québécois paie les deux tiers du programme d'assurance-stabilisation pour soutenir le prix des céréales, du porc, du maïs, etc. Même si le prix du maïs varie sur le marché, l'agriculteur obtient un prix garanti.

Par une politique agricole, on peut aussi imposer aux acheteurs un prix à payer aux fermiers (le prix du lait fixé par la Régie, par exemple). On peut aussi protéger les prix sur le marché intérieur en bloquant aux frontières l'accès des denrées venant de l'étranger, ou en leur imposant une taxe d'entrée. Le contingentement de la production permet également de limiter la concurrence. Par exemple, alors qu'une génération de producteurs laitiers a reçu gratuitement des quotas de production, les nouveaux arrivants doivent verser un prix exorbitant pour les acquérir (pouvant s'élever à 1 200 000 $ pour une ferme d'une quarantaine de bonnes vaches laitières).

En interdisant ou en limitant l'établissement de nouvelles fermes, on restreint également la concurrence. Par exemple, la Loi sur la protection du territoire agricole du Québec n'autorise le morcellement des terres que si l'agriculture est l'activité principale des propriétaires. Ceux qui démarrent à temps partiel ne peuvent donc pas acquérir une portion d'une terre déjà existante.

Toutes ces mesures créent évidemment des distorsions et des inégalités. On soutient le prix du maïs, mais pas du foin ; on impose une taxe sur la crème glacée mais pas sur les pommes. C'est ainsi qu'en observant le modèle québécois, nous voyons certaines tendances se dégager.

L'aide représente souvent une part substantielle du revenu net de l'agriculteur

Pour l'année 1995, la part des paiements gouvernementaux dans le revenu net des agriculteurs était de 49 % au Québec.

L'aide n'atteint pas également toutes les fermes

Un maigre 12 % des fermes (celles ayant un revenu brut de plus de 250 000 $) obtiennent 46 % de l'aide à la sécurité du revenu ;

Un autre 33 % des fermes (celles dont le revenu brut se situe entre 10 000 et 50 000 $) ne reçoivent que 7 % de cette aide ;

Les fermes ayant un revenu brut inférieur à 10 000 $, soit plus de 4000 fermes au Québec, ne reçoivent rien.

L'aide est proportionnelle au volume de production

Autrement dit, plus la ferme est grande, plus l'aide est élevée. La plupart du temps, un volume minimal de production est exigé pour avoir droit à l'aide. Par exemple, il faut commercialiser au moins 300 porcs et le faire obligatoirement par le biais des enchères électroniques.

De nombreuses contraintes empêchent l'établissement ou même la survie des fermes de petite taille

Recevant une aide inférieure, les petites fermes ont des coûts de production plus élevés et une marge de profit très réduite, étant donné qu'elles ne profitent pas d'un meilleur prix sur le marché.

La relève est lourdement entravée

La valeur des fermes augmentant sans cesse, la reprise par des jeunes est de plus en plus difficile. Les nouveaux venus en production de lait, d'œufs ou de volaille doivent payer de lourds quotas, difficiles à rentabiliser.

Le mode de subvention actuel risque fort de contrevenir aux nouvelles règles de l'Organisation mondiale du commerce (OMC)

Selon les nouvelles règles de l'OMC et le filet de sécurité agricole « vert », l'aide gouvernementale ne doit pas :

- être liée au volume de production ;
- être liée à la variation des prix sur les marchés ;
- s'appliquer à des productions spécifiques.

Un exemple de subvention

On entend souvent affirmer que le secteur porcin est peu subventionné. Voici quelques données à ce sujet.

Notons que nous ne considérons pas l'argent reçu par le producteur mais ce qu'il en coûte à l'État. (Par exemple, un montant versé pour une fosse à lisier sera plutôt encaissé par le constructeur.)

Prenons le cas hypothétique d'un nouvel éleveur de porcs engraissant 2000 porcs à la fois, en trois cycles, vendant donc 6000 cochons par année. Supposons qu'il possède 150 hectares de terres, ensemencées en maïs et en céréales ou en soja. Une telle ferme vaut environ 800 000 $ pour les bâtiments et la machinerie, auxquels s'ajoutent plus de 200 000 $ pour la terre.

Pour la saison 2001-2002, l'État québécois aura versé pour cette entreprise, par le truchement des programmes d'assurance-stabilisation, de remboursement de taxes et d'aide au démarrage plus de 100 000 $ (soit 67 000 $ à la caisse d'assurance pour les porcs, 35 000 $ pour la caisse d'assurance des céréales, 4000 $ en remboursement de taxes, etc.). Et on ne tient pas compte ici des coûts imputables à la détérioration des routes par la circulation des camions en provenance ou en direction de la ferme, ni des problèmes de santé ou de pollution pouvant découler de ce mode de gestion agricole.

Est-ce là le genre de fermes que nous voulons encourager ?

Un autre modèle possible : l'exemple de la Suisse

Vers le milieu des années 1990, la Suisse a entrepris une vaste réforme de son système de financement agricole. Ses objectifs de base : subventionner les bonnes pratiques plutôt que les modèles néfastes, et favoriser l'occupation du territoire. Le but était de soutenir une multitude de petites fermes plutôt que quelques usines.

L'application de ce nouveau système de financement ressemble à ceci : une aide substantielle (environ 50 000 francs suisses par an, soit environ 53 500 $) est donnée au fermier qui se soumet à un cahier de charges comprenant une rotation des cultures, la couverture des sols même en hiver, la plantation ou l'entretien de brise-vents, la réduction ou l'élimination des engrais chimiques et des pesticides, un nombre maximal d'animaux par unité de surface, etc. Et si la ferme dépasse une certaine taille, on réduit l'aide graduellement. Au-delà d'une certaine dimension (l'équivalent d'environ 130 vaches), la ferme ne reçoit plus d'aide du tout, ou se voit même imposer une taxe.

Évidemment, le lobby agro-industriel a tenté de bloquer cette réforme, qui a néanmoins été adoptée à la suite d'un référendum national sur la question où près de 78 % de la population l'a approuvée.

À la base de l'orientation suisse, un nouvel article, l'article 104, a été introduit dans la Constitution fédérale pour définir la mission de l'agriculture : « La Confédération helvétique veille à ce que l'agriculture, par une production répondant à la fois aux exigences du développement durable et à celles du marché, contribue substantiellement à la sécurité de l'approvisionnement de la population, à la conservation des ressources naturelles, à l'entretien du paysage rural et à l'occupation décentralisée du territoire rural. »

Cette réforme s'appuie sur un principe de base : l'agriculteur remplit deux fonctions. Son premier rôle est de produire des denrées comme du lait, des œufs, des légumes, etc. Sa deuxième fonction est d'occuper le territoire, de protéger les ressources, de créer de l'emploi, etc. Les prix du marché peuvent couvrir les frais de production des denrées, mais ils s'avèrent souvent insuffisants pour récompenser la contribution sociale ou environnementale des agriculteurs. C'est là qu'intervient l'État en accordant un soutien direct aux fermiers qui respectent ces règles.

Les résultats sont impressionnants :

- la part de marché de l'agriculture suisse à l'échelle internationale s'est maintenue, malgré la diminution des subventions aux exportations ;
- le taux d'approvisionnement national n'a pas changé ;
- les prix aux producteurs ont chuté de 20 % mais le revenu agricole a été stabilisé ;
- 92 % des exploitations fournissent des contributions écologiques compensées ;
- les terrains en compensation écologique totalisent 90 000 hectares ;
- 8 % des exploitations pratiquent l'agriculture biologique (4 fois plus qu'avant) ;
- la consommation d'engrais chimiques et de pesticides est en baisse de 40 % ;
- les émissions d'azote sont revenues au niveau des années 1980 et celles de phosphore au niveau des années 1940 ;
- la moitié des bovins ont accès à l'extérieur ;
- la part du budget de l'État attribué à l'agriculture a diminué.

Pour une population comparable à celle du Québec, la Suisse compte encore 70 000 fermes, soit deux fois plus qu'au Québec, et le consommateur suisse ne consacre que 8 % de son budget à son alimentation, comparativement à 11 % au Québec.

La Suisse n'est toutefois pas le seul pays qui se soucie de l'occupation de son territoire et de la vitalité de ses régions. On retrouve également des programmes de soutien visant les mêmes objectifs en France, en Hollande, en Autriche, en Norvège, en Allemagne, etc. Sans vouloir copier aveuglément un modèle étranger, force est de constater que le changement est possible et que la mégalomanie n'est pas une loi incontournable. Après tout, nos lois et nos programmes agricoles ont été votés par des humains... C'est une question de volonté politique !

Appendice V

Projet pilote d'abattage à la ferme de la Coopérative de viandes fines d'Abitibi-Témiscamingue

par Léandre Bergeron,
président de la Coopérative de viandes fines de l'Abitibi-Témiscamingue

Les régions se meurent. L'Abitibi se vide. Les autobus scolaires écrèment les campagnes cinq jours par semaine et déracinent la relève. Les caisses populaires désertent les villages. Les garages plient bagage. Les magasins généraux sont devenus des dépanneurs exsangues. Les regroupements municipaux éteignent la démocratie locale balbutiante et remettent le sort des ruraux entre les mains des planificateurs urbains.

Les régions ressources n'ont plus de ressources que le nom. Les mines et les forêts épuisées, il resterait pour notre région l'agriculture. Mais la tendance dominante actuelle dans le domaine est la spécialisation, la consolidation et la production maximale qui font que les fermes doivent toujours grossir davantage, que les petites se font avaler par les grosses, que nos vertes campagnes deviennent des lieux de convoitise où installer des mégaporcheries, lieux concentrationnaires d'élevage et lieux d'épandage de lisier liquide odorant qui assure la désertification et le dépeuplement.

Dans ce contexte, reste-t-il quelque espoir pour notre région ?

Tout n'est pas perdu, car malgré tout, à côté des gros producteurs consolidés, il y a encore (mais pour combien de temps ?) beaucoup d'habitants de la campagne, d'éleveurs à temps partiel, d'enseignants éleveurs d'autruches, d'ingénieurs éleveurs de sangliers, de membres de chambres de commerce désirant se recycler dans la ruralité, de concepteurs d'écotourisme, de mineurs éleveurs de chevaux canadiens, de transporteurs de bois éleveurs de daims, d'anciens contremaîtres d'Hydro-Québec éleveurs de cerfs roux, d'infirmières éleveuses de lapins et d'agneaux, de comptables éleveurs de bœufs Highland, et j'en passe. Tous des gens passionnés de ruralité, voyant dans leurs activités rurales plus souvent secondaires une nouvelle raison de vivre, frustrés dans leurs démarches parce qu'on les considère comme « pas sérieux », laissés-pour-compte parce qu'on les juge « économiquement insignifiants », ce qui serait loin d'être le cas s'ils pouvaient, sans bâtons dans les roues, commercialiser leurs produits.

Il y a trois ans, il y avait cinq éleveurs d'autruches dans notre région. Aujourd'hui, il en reste deux. Pourquoi ? Pas moyen de commercialiser. Un éleveur de daims charrie sept ou huit bêtes vers un abattoir de Montréal. À l'arrivée, ce sont des animaux paniqués, blessés, aux pattes cassées qu'on sort du camion en les abattant à la carabine et en les traînant comme des morts dans un champ de bataille. Viande meurtrie, bourrée d'adrénaline. Non merci !

Ces éleveurs qu'on traite d'insignifiants à temps partiel aiment leurs bêtes, les respectent et refusent de ne voir en elles que des machines à viande et à sous. Ils les élèvent avec grand soin, aussi naturellement que possible et souvent de façon biologique, et ne comprennent pas qu'on leur fasse subir le stress du transport vers l'abattoir.

Cette dernière question n'en est pas une de sensiblerie. Des études scientifiques sont là pour prouver comment, dans le transport, l'adrénaline monte en flèche dans le sang, et que le stress est tel qu'il affaiblit le système immunitaire au point de rendre l'animal sujet à des infections, sans parler de la perte de poids. Et ces messieurs inspecteurs ont un code pour décrire ce que subit la viande ainsi transportée : DFD = *dark, firm, dry.*

La seule alternative acceptable est l'abattage à la ferme. Imaginons un peu ce qui se passerait si ce goulot d'étranglement que sont les règlements d'abattage actuels était éliminé. Au lieu de dépérir, nos campagnes se revitaliseraient. Tous ces éleveurs auraient enfin la possibilité de commercialiser leurs viandes. Les viandes inspectées au lieu d'abattage à la ferme pourraient se retrouver dans les restaurants et épiceries de la région. Les Abitibiens auraient enfin accès à cette viande de haute qualité. Et dans deux ans, il y aurait cinq éleveurs d'autruches, six éleveurs de sangliers et combien d'éleveurs de cerfs roux ? Tous ces éleveurs auraient un supplément de revenu important, des emplois se multiplieraient avec l'abattage et la transformation des viandes et la fierté régionale ne serait pas qu'un mot.

La coopérative de viandes fines de l'Abitibi-Témiscamingue regroupe une trentaine de ces éleveurs sur la bonne centaine qui peuple le paysage de notre région.

Au début de l'élaboration d'un projet d'abattage à la ferme, il fut question de l'acquisition d'un abattoir mobile, grand camion-remorque allant de ferme en ferme pour faire l'abattage des différentes espèces animales. Mais dès le début de 2001, une analyse rigoureuse nous fit voir les coûts exorbitants, les problèmes inhérents à l'abattoir mobile et l'impossibilité d'obtenir l'autorisation de fonctionnement. Nous en arrivâmes donc à la conclusion que la façon la plus économique, la plus rentable, la plus efficace et la plus simple était l'abattage traditionnel à la ferme. Cette méthode était à l'honneur dans toutes les campagnes jusqu'à ce qu'après la Seconde Guerre mondiale, avec l'industrialisation de l'agriculture menée en grande pompe par des agronomes « modernes », on juge barbare, archaïque et non hygiénique cette façon de faire qu'on devait reléguer aux oubliettes de l'histoire en même temps que les poêles à bois, les poêlons de fonte et les écoles de rang. Les grands abattoirs ne demandaient pas mieux et la célèbre Commission d'enquête sur le crime organisé (CECO) vint fermer tout ce qui restait d'abattage traditionnel et de transformation artisanale dans les années 1970. Nos éleveurs régionaux grossissant leur cheptel et se spécialisant durent envoyer leurs bêtes vers les grands centres:

Toronto, Montréal. Et notre viande, exceptionnelle à cause de la terre et du climat abitibiens, ne revenait jamais sur nos tables. La sélection favorisait les fines bouches des métropoles et nous renvoyait (et nous renvoie toujours) une viande de qualité plus que douteuse. (Nous n'aborderons pas ici le problème des viandes traitées aux hormones et antibiotiques et des divers maquillages qu'elles subissent avant d'arriver dans les comptoirs des grandes chaînes.)

On nous a appris à mépriser les méthodes de nos pères et de nos grands-pères. « Abattre sur le bord de la grange » était devenu un symbole d'arriération dans l'élevage. Et pourtant, les poêles à bois sont revenus. Les poêlons de fonte, on vient de le découvrir, sont moins nocifs que les casseroles d'aluminium ; les blocs de bouchers, en bois s'il vous plaît, sont plus salubres que les plaques de nylon de Dupont. Et certains parents, très critiques envers ce qui se passe dans les polyvalentes, préfèrent enseigner à leurs enfants à la maison.

Quant à l'abattage à la ferme, jamais totalement disparu, il reprend du poil de la bête, si vous me permettez l'expression. En effet, combien d'éleveurs et même de gros producteurs élèvent à part (c'est-à-dire sans antibiotiques et sans hormones de croissance) une ou deux bêtes qu'ils abattent « sur le bord de la grange » pour leur consommation personnelle ? Et combien encore avouent sous le couvert de l'anonymat qu'ils ne mangeraient jamais la viande qu'ils élèvent pour l'industrie alimentaire ?

Et combien de petits éleveurs comme moi-même, appelés avec mépris « fermiers du dimanche », « marginaux folkloriques », « gentlemen farmers », abattent leurs bêtes « sur le bord de la grange », pour en faire le délice de quelques consommateurs privilégiés, parents, amis, connaissances, complices. Et en tant que propriétaire d'un magasin d'alimentation naturelle, combien de clients conscients de leur alimentation me demandent où ils peuvent trouver du bœuf non piqué, de l'agneau biologique, du porc non industriel, du poulet non nourri à la farine animale ? Combien de restaurateurs régionaux veulent savoir quand ils pourront enfin offrir de la viande régionale à leurs convives ? Quand cet abcès va-t-il crever ?

Évidemment, les grandes chaînes d'alimentation, confrontées à une clientèle de plus en plus exigeante, offrent quelques produits biologiques à grand renfort de publicité. Mais derrière ce masque se cachent certaines réalités accablantes. Comment appeler biologique un agneau transporté par camion à un abattoir à des centaines de kilomètres de son lieu d'élevage ? Comment se peut-il que les organismes de certification biologique ne se rendent pas compte qu'un bœuf d'une ferme bio de Gaspésie n'est plus bio quand il arrive à l'abattoir près de Québec ?

On a bien essayé en Abitibi d'installer des abattoirs plus près des milieux d'élevage — à La Sarre et à Amos, par exemple — mais de telles installations très coûteuses exigeaient nécessairement un approvisionnement tel qu'elles auraient abattu tout le cheptel de la région en un an. Elles ont dû fermer leurs portes.

Autre fait intéressant : à la télévision française, en mai, un spécialiste en alimentation déclarait qu'on résoudrait bien des problèmes de propagation de maladies chez les animaux de boucherie si on les abattait à la ferme d'élevage.

Tout ceci pour dire que la solution pour nous est évidente : l'installation dans chaque ferme d'élevage d'une abatterie[1].

Une subvention du Fonds de diversification par l'entremise du Conseil régional de développement de l'Abitibi-Témiscamingue (CRDAT) a permis à la Coopérative de viandes fines de faire effectuer une étude de faisabilité par l'ingénieur-conseil M. Paul Rivest, de Landrienne. (Cette étude est disponible à l'adresse de notre Coopérative : 101, chemin Gagnon, Saint-Mathieu-d'Harricana, Québec, J0Y 1M0).

Dans cette étude, nous avions été amenés, après une rencontre avec messieurs les inspecteurs du Centre québécois d'inspection des aliments et de santé animale (CQIASA), à modifier notre projet initial d'abatterie pour inclure un plancher de ciment. Mal nous en prit. Nous nous sommes rendu compte que cette concession nous amenait à devoir en faire d'autres : des murs

1. Je n'ai pas trouvé de mot désignant le lieu où l'on faisait l'abattage dans la ferme traditionnelle. Cela se faisait dans la cour, tout, simplement, ou dans la batterie de la grange, l'aire où anciennement l'on battait le blé au fléau, à l'abri des éléments. Il nous faut donc un terme pour décrire cette structure où l'on va abattre les animaux dans nos fermes. Nous ne pouvons utiliser le terme *abattoir* qui, lui, est réservé à l'abattage industriel. Je propose donc le mot *abatterie* qui dit bien ce qu'il a à dire, en plus d'évoquer la batterie qui a tant servi à l'abattage.

solides, lavables, etc. En d'autres mots, ces messieurs enfermés dans leur conception d'abattoir industriel essaient de nous y soumettre. Or, dès notre première rencontre avec eux, il leur avait été bien expliqué qu'il s'agissait d'un changement de paradigme, qu'il fallait s'ouvrir à une conception toute nouvelle de l'abattage. Quand la communication semble impossible, mieux vaut l'interrompre. Ce que nous avons fait, jusqu'à tout récemment où nous avons participé à une rencontre avec M. Gilles Vézina, sous-ministre.

De notre côté, nous avons repris notre projet initial d'installation sommaire et avons décidé de bâtir une abatterie pour en faire la démonstration à quiconque voudrait voir comment on peut abattre à la ferme tout en respectant les normes d'hygiène, l'animal et l'environnement.

M. Sylvio Lussier, éleveur de cerfs roux à Sainte-Rose-de-Poularies, qui était notre premier candidat à la construction d'une abatterie, avait souffert d'un délai excessif d'un an et ne pouvait donc absorber les coûts même modestes de la structure. Nous nous sommes donc retournés vers M. Robert Hardy, éleveur de daims biologiques certifiés à Lamorandière. À l'intérieur de la grange de M. Hardy, on retrouve déjà un couloir d'amenée jusqu'à un lieu d'insensibilisation. Aussitôt assommé, l'animal est hissé par les pattes arrière grâce à un rail et sorti de la grange pour se retrouver dans l'abatterie attenante, prêt pour la saignée, le dépouillement et l'éviscération. [...]

L'animal n'aura donc subi aucun stress. Dans le couloir d'amenée, il est encore en milieu familier, avec ses congénères. En une fraction de seconde, il est isolé et insensibilisé. L'adrénaline n'aura même pas commencé à circuler dans son sang. La qualité de la viande est assurée.

L'inspecteur pourra examiner toutes les bêtes à abattre avant leur entrée dans le couloir d'amenée et éliminer les sujets douteux. Il assiste évidemment à toutes les étapes de l'abattage, examine les viscères, recueille des échantillons si nécessaire et appose son sceau d'approbation selon son cahier de charges. Les déchets d'abattage (têtes, intestins, estomacs, sabots) sont enterrés dans un champ environnant selon la réglementation du ministère de l'Environnement. Les carcasses réfrigérées sont transportées en un premier temps à la Coopérative alimentaire d'Amos avec laquelle notre Coopérative a déjà une entente.

M. Hardy aurait une centaine de daims à abattre par année. L'impact environnemental serait minime.

Pour conclure, voici un extrait de la lettre de M. Henri Carrier, vétérinaire de Saint-Hyacinthe, datée du 4 mars 2002: « Le concept préliminaire mis de l'avant dans ce projet est très réaliste et il respecte en tous points les étapes reliées à l'abattage des animaux de la ferme. Ce concept se veut un abattage humanitaire fait à la ferme en respectant l'animal, qui n'aura pas à subir d'important stress avant son abattage. Le tout étant fait sur la ferme même. Quel bonheur pour cet animal et je dirais la même chose si j'étais à sa place. De plus, il est important d'abattre des animaux sains. Ça va de soi ! En respectant les étapes élaborées dans le concept préliminaire et en abattant des animaux sains, ce concept d'abattage ne présente pas de danger pour la santé publique. En effet, toutes les mesures mentionnées dans le texte vont permettre de produire une viande saine et de très bonne qualité pour le consommateur. Je félicite l'équipe et les éleveurs-producteurs qui ont initié ce projet. Il me semble sortir des sentiers battus. Il est donc temps que ce retour aux sources s'effectue et ce, dans le respect de l'humain et de l'animal. Je vous remercie d'avoir pensé à moi et c'est avec un grand plaisir que je participe à votre projet. »

Appendice VI

Extraits de déclarations de Vía Campesina

Vía Campesina est un mouvement international indépendant, créé à Managua en 1992 et composé d'organisations paysannes de petits et moyens agriculteurs, de travailleurs agricoles, de femmes ainsi que de communautés indigènes d'Asie, d'Afrique, d'Amérique et d'Europe. Son siège social se trouve au Honduras.

L'Union paysanne est déjà membre-participant de Vía Campesina et sa demande d'affiliation sera étudiée lors de la prochaine réunion centrale de l'organisme. Le secrétaire de l'Union paysanne, M. Maxime Laplante, a participé comme délégué canadien de Vía Campesina au Sommet de l'alimentation de Rome, en juin 2002, et au Sommet de la Terre de Johannesburg en août 2002.

Déclaration de Rome, 17 novembre 1996

Nous, Vía Campesina, un mouvement croissant de travailleurs agricoles, de paysans, d'organisations paysannes et de peuples indigènes de toutes les régions du monde, savons que la sécurité alimentaire ne peut être assurée sans qu'on tienne pleinement compte de ceux qui produisent l'alimentation. Se nourrir est un droit humain fondamental. Ce droit ne peut être assuré que dans un système où la souveraineté alimentaire est garantie. La souveraineté alimentaire est le droit de chaque pays de maintenir et de développer sa propre capacité de produire son alimentation de base, en respectant la diversité culturelle et agricole. Nous avons le droit de produire notre propre alimentation sur notre propre territoire. La souveraineté alimentaire est une condition préalable à une véritable sécurité alimentaire.

Nous rejetons les conditions économiques et politiques qui détruisent nos conditions de vie, nos communautés, notre culture et notre environnement naturel. La libéralisation du commerce et ses politiques économiques d'ajustement structurel ont globalisé la pauvreté et la faim dans le monde et détruisent les capacités de production locale et les sociétés rurales. [...]

Nous demandons une véritable réforme agraire qui donne aux agriculteurs sans terre — notamment aux femmes — la propriété et le contrôle de la terre qu'ils travaillent et qui rende leurs territoires aux peuples indigènes. [...]

La souveraineté alimentaire suppose de prendre soin des ressources naturelles — en particulier la terre, l'eau et les semences — et de les utiliser de façon durable. [...] Pour y arriver, nous devons éliminer notre dépendance à l'égard des intrants chimiques, des monocultures d'exportation et des modèles de production intensifs et industrialisés. [...] Les communautés paysannes ont le droit d'utiliser librement et de protéger les ressources génétiques, notamment les semences, qu'elles ont développées historiquement : c'est une des bases dc la souveraineté alimentaire. [...]

La nourriture est d'abord et avant tout une source nutritive et seulement secondairement un objet de commerce. Les politiques agricoles nationales doivent donner la priorité à la production domestique et à l'autosuffisance alimentaire. Les importations alimentaires ne doivent pas éliminer la production locale ni faire baisser les prix. Cela signifie que le dumping et les subventions à l'exportation doivent cesser. Les paysans ont le droit de produire les aliments de base essentiels pour leur pays et de contrôler la commercialisation de leurs produits. [...]

Déclaration de Seattle, 3 décembre 1999

[...] Il est clair que l'agriculture et l'alimentation sont devenues des questions clés et qu'il est nécessaire de changer en profondeur les politiques néolibérales et les institutions internationales telles que l'OMC, le FMI et la Banque mondiale. Comme l'exprime le leader d'un mouvement de consommateurs, « Manger est devenu un acte politique ». Ce à quoi Vía Campesina ajoute : *Produire des aliments de qualité pour notre propre population est aussi devenu un acte politique.*

Les politiques néolibérales agricoles ont mené à la destruction de nos économies paysannes et à une profonde crise dans nos sociétés ; elles menacent ce qui en fait la véritable cohésion, soit *le droit de produire nos aliments pour nourrir nos propres consommateurs*, avec une grande diversité de produits adaptés à nos particularités culturelles. Cela touche notre identité même, en tant que citoyens de ce monde.

L'exemple le plus frappant de la violation de notre identité est l'imposition des aliments génétiquement modifiés par les firmes transnationales. [...]

Vía Campesina rejette les politiques néolibérales qui poussent les pays à produire pour l'exportation au détriment de la production alimentaire domestique et font chuter les prix au-dessous des coûts de production. Les pays en voie de développement, forcés d'accepter ces politiques pour payer leur dette extérieure, doivent ouvrir leurs frontières à l'importation d'aliments, ce qui augmente encore leur dette. Les gouvernements des pays riches, pour compenser les baisses de prix et permettre aux firmes transnationales d'acheter moins cher, accordent des aides publiques massives sans limite par exploitation. Les fonds publics soutiennent donc directement l'agro-industrie et non les paysans. Il s'agit d'un cercle vicieux qui ne profite qu'aux sociétés transnationales.

Il n'y a aucun doute que l'OMC est un instrument qui accroît le contrôle et les profits des firmes transnationales. Elle est une institution totalement impropre à des prises de décisions démocratique et à la formulation de politiques sur des questions importantes telles que la souveraineté alimentaire, la santé, la législation environnementale, la gestion des ressources génétiques, de l'eau, de la forêt et de la terre, ainsi que l'organisation des marchés agricoles.

Réformer l'OMC de façon à ce qu'elle respecte les droits des populations et réponde à leurs besoins reviendrait à abolir l'organisation elle-même ! Nous ne pensons pas que l'OMC consente à une telle réforme. C'est pourquoi Vía Campesina, en tant que mouvement paysan international, demande d'exclure l'agriculture du mandat de l'OMC. Mieux encore, peut-être, excluons l'OMC de l'agriculture ! Nous invitons les autres secteurs à faire la même demande. [...] Vía Campesina invite les mouvements sociaux à amorcer un processus de collaboration avec les gouvernements nationaux afin d'élaborer un modèle alternatif.

Déclaration de Bangalore, 6 octobre 2000

[...] La libéralisation forcée des échanges de produits agricoles entre les différentes régions à travers le monde se traduit par des prix catastrophiquement bas pour une grande partie de notre production. Avec l'afflux sur les marchés locaux de produits alimentaires importés à bas prix, les paysans et ménages agricoles ne parviennent plus à nourrir leur famille et la population avec leur production, et sont contraints de quitter la terre. Ces accords commerciaux injustes détruisent les communautés rurales et les cultures en imposant sur toute la planète de nouveaux modes de consommation alimentaire. Les denrées locales et traditionnelles sont progressivement remplacées par des produits alimentaires importés, qui sont peu chers et souvent de qualité inférieure. L'alimentation est un aspect primordial de la culture, et le programme néolibéral est en train d'éradiquer le fondement même de nos vies et de nos cultures. Nous n'acceptons ni la faim, ni le déracinement.

Nous revendiquons la souveraineté alimentaire, c'est-à-dire le droit de produire nos propres aliments.

Les transports de quantités énormes de produits alimentaires autour du monde poussent de plus en plus les populations à migrer. La destruction des économies locales accroît la pauvreté et contraint des millions de gens à se déplacer pour trouver des terres et du travail. Ces déplacements déstabilisent les communautés et entraînent partout une intensification de la violence, de l'insécurité et des conflits ethniques.

Nous dénonçons les politiques de la Banque mondiale, du FMI et d'autres institutions internationales qui, sous prétexte de politiques de développement rural, cherchent à nous dépouiller de notre héritage commun : terres, eau et ressources génétiques.

Appendice VII

Le Sommet de Johannesburg : visa le blanc, tua le noir !

par Maxime Laplante, agronome,
délégué canadien de Vía Campesina

Selon la version officielle, tous les pays de la planète ont envoyé leurs délégués en Afrique du Sud en août 2002 pour trouver une solution durable à la pauvreté et à la dégradation de l'environnement. Malheureusement, il y a beaucoup à faire et les États participants n'ont pu s'entendre : rien de concret n'est donc en vue. Le Canada a affirmé qu'il signerait l'accord de Kyoto, mais il y a loin de la coupe aux lèvres. Officiellement toujours, les gouvernements remettent en question ce genre de rencontres en raison du peu de résultats obtenus. Donc, en haut lieu, le développement durable piétine.

Et pourtant, il s'est passé bien des choses en Afrique du Sud pendant que l'attention était tournée vers les micros officiels. Actuellement, le gouvernement sud-africain peaufine un projet de loi devant régir la propriété des terres. Bien entendu, pas un seul des milliers de Noirs réunis en périphérie du quartier de Soweto n'avait été consulté ni même mis au courant du projet de loi. Qu'adviendra-t-il des millions de personnes sans terre, sans aucun titre de propriété ? Les communautés rurales auront-elles leur mot à dire ?

Dans les bas-fonds de Diepkloof, la ville natale de Nelson Mandela, la police vient de raser au bulldozer la tentative des sans-abri de cultiver collectivement une parcelle de terre abandonnée. Les autorités ne tarderont pas à évacuer aussi les habitants, question de faire de la place à un parc industriel. Près de 20 000 personnes arrivent chaque mois à Johannesburg : le taudis de Soweto vaut mieux que la mort dans un *homeland* surpeuplé sans droit de cultiver. Pour la canadienne Naomi Klein, la famine des régions rurales est un phénomène nouveau et n'a rien de naturel. Traditionnellement, les campagnes ont toujours mieux tiré leur épingle du jeu ; les choses ont changé depuis que les gouvernements ont commencé à priver les fermiers de leurs ressources.

Le gouvernement sud-africain met également en place une politique de redistribution des terres basée sur le principe « vendeur libre, acheteur libre ». Trouvez un fermier prêt à vendre et achetez ! En s'immisçant ainsi dans les communautés, le gouvernement ouvre grand la porte à des acheteurs étrangers ayant les moyens d'acheter du terrain, alors que la population locale, expropriée de force sans compensation, ne pourra jamais financer un rachat. Actuellement, même si la population noire constitue 92 % des 42 millions d'habitants du pays, elle ne dispose que de 13 % des terres, des homelands.

Parallèlement, le gouvernement élabore une politique de l'eau selon laquelle toute consommation dépassant 20 litres par jour (un Québécois moyen en consomme 740 litres par jour !) doit être payée. L'histoire se répète : 92 % de la population (les Noirs, bien entendu) est restreinte à 7 % de la consommation d'eau. L'agriculture industrielle accapare déjà 53 % de cette ressource.

L'enjeu véritable du sommet de Johannesburg est la privatisation des ressources du pays et éventuellement du continent africain. Quoi de mieux pour les entreprises qui vont préférer s'y installer plutôt que de négocier des miettes dans l'hémisphère nord de la planète ? On leur offre une main-d'œuvre abondante, presque gratuite, confinée dans des ghettos où le jardinage est pratiquement prohibé, un climat avantageux, de l'eau à profusion dont l'accès est financé par l'État, ainsi que des terres abondantes et fertiles à vil prix.

Est-ce un hasard si les États-Unis affirment vouloir fournir une aide alimentaire à la condition qu'elle consiste en produits génétiquement modifiés ? De cette façon, les fermiers devront payer des redevances annuellement pour réutiliser leurs semences. Une méthode insidieuse de fidéliser la clientèle.

À Johannesburg, les grands noms de l'industrie ont profité du sommet pour exposer leurs dernières trouvailles destinées à purifier l'eau, à la pomper, à mécaniser le travail du sol ou à recycler le plastique, tentant ainsi de donner l'impression que la technologie sera la solution à la pauvreté, à la malnutrition et à la mauvaise distribution des richesses. Il s'agit de culpabiliser le citoyen mondial mieux nanti en lui expliquant que la meilleure façon d'aider la population africaine, c'est d'investir à fond dans les gadgets technologiques. Qui en profitera ? La famille atteinte du sida abritée par deux feuilles de tôle, ou les distributeurs d'équipement ?

Lorsque j'ai demandé aux membres de la délégation officielle canadienne leur position quant à notre politique d'exportation et son impact sur l'agriculture vivrière à l'étranger, on m'a répondu que le sommet de Johannesburg ne traitait pas d'agriculture ! La question des OGM a été évacuée de la même façon. Peut-on parler de développement durable en esquivant la question agricole ?

Oui, il s'est passé beaucoup de choses importantes à Johannesburg.

Les Éditions Écosociété

De notre catalogue

Graines suspectes

Les aliments transgéniques : une menace pour les moins nantis

ROBERT ALI BRAC DE LA PERRIÈRE ET FRANCK SEURET

Les vendeurs de semences transgéniques souhaitent-ils réellement soulager la faim ? La culture d'OGM entraîne-t-elle vraiment la réduction de l'utilisation des pesticides ? Les paysans, particulièrement dans le tiers-monde, sont-ils bien informés des enjeux ?

Dirigée par des firmes transnationales, la culture des plantes transgéniques menace la diversité des variétés locales sur lesquelles repose la sécurité alimentaire des communautés rurales du Sud et de l'humanité en général. En obtenant des brevets sur le vivant, ces firmes se l'approprient, au mépris de siècles de pratiques traditionnelles pendant lesquels une multitude d'espèces ont été améliorées par les paysans eux-mêmes. Mais ici et là, notamment dans les pays du Sud, des voix s'élèvent pour dénoncer cette menace.

ISBN 2-921561-74-3
(Amérique seulement)
220 pages
18,00$

Les vrais maîtres de la forêt québécoise

Nouvelle édition revue et augmentée

PIERRE DUBOIS

Les forêts menacées ? Par qui ? Comment ? Au nom de quelle logique ? La ratification d'accords internationaux représente-t-elle l'unique solution aux dommages causés à l'écosystème ? Agir sur les effets plutôt que sur les causes modifiera-t-il les comportements de l'industrie forestière, les méthodes de coupes, les difficiles conditions des travailleurs forestiers ?

Ce livre expose de quelles manières l'industrie forestière exerce son pouvoir sur les gouvernements, la forêt et la population qui en vit. Au Québec, les ressources forestières représentent le pilier économique de nombreuses régions. Un emploi sur dix en découle. À qui profite la forêt ? En principe 90 % de la ressource est la propriété de l'État. Dans les faits, la grande forêt publique n'appartient plus vraiment à la collectivité.

ISBN 2-921561-69-7
204 pages
17,00$

Les Aliments trafiqués

Les dessous de la biotechnologie

BREWSTER KNEEN

Dans *Les Aliments trafiqués*, Brewster Kneen démystifie un à un les arguments que nous servent les géants de la biotechnologie, qui tentent de nous convaincre que les manipulations génétiques et autres « technologies de la vie » représentent l'ultime solution aux problèmes de la faim dans le monde et de la dégradation de l'environnement.

L'industrie de la biotechnologie se livre actuellement à une vaste opération médiatique dans le but de redorer son image auprès de la population. Kneen lève le voile sur toute la désinformation dont elle use pour y arriver : transformation du vocabulaire, manipulation de l'opinion publique, des législateurs et des agriculteurs.

À l'aide de cas récents, Brewster Kneen démontre que loin de représenter un progrès « naturel » et souhaitable, les biotechnologies sont en rupture avec les pratiques agricoles traditionnelles et constituent une véritable menace pour la biodiversité.

ISBN 2-921561-51-4
252 pages
24,95 $

Le commerce de la faim

La sécurité alimentaire sacrifiée à l'autel du libre-échange

JOHN MADELEY

La nourriture n'est pas une marchandise comme les autres. Il en va de la sécurité alimentaire de milliards d'êtres humains, que les tractations libre-échangistes internationales contribuent à dégrader de manière flagrante.

Le commerce de la faim démontre comment des instances internationales, telles que l'Organisation mondiale du commerce (OMC), ont subordonné un besoin essentiel de l'humanité aux froides règles du libre-échange. Afin de se procurer des devises, les pays pauvres ont été sommés de favoriser des cultures d'exportation contrôlées par les firmes transnationales.

Cet ouvrage plaide pour une réduction de la toute-puissance de l'OMC sur les politiques agricoles et alimentaires. Il met en avant d'autres solutions déjà expérimentées pour réduire de moitié le nombre d'affamés d'ici 2015 comme s'y était engagé, en 1996, la communauté internationale.

ISBN 2-921561-72-2
(Amérique seulement)
264 pages
18,00 $

Quand l'utopie ne désarme pas

Les pratiques alternatives de la gauche latino-américaine

PIERRE MOUTERDE

Quand l'utopie ne désarme pas raconte comment et pourquoi d'importants mouvements sociopolitiques s'emploient, envers et contre tout, à réinventer les possibles.

Prenant appui sur des reportages qu'il a effectués récemment, Pierre Mouterde témoigne ici de la réalité vivante de la Confédération des nationalités indigènes de l'Équateur, des zapatistes du Chiapas au Mexique, du Mouvement des sans-terre du Brésil et, enfin, des expériences participatives de la mairie de Porto Alegre, dans ce même pays. Il suggère que de ces mouvements pourraient peut-être émerger, là-bas comme ailleurs, des pratiques et discours de gauche qui soient à la hauteur des enjeux contemporains.

Ce livre révèle des mouvements sociaux qui dessinent des pistes d'avenir allant dans le sens d'un renouvellement et d'un approfondissement de la démocratie politique.

ISBN 2-921561-70-0
193 pages
17,00 $

La globalisation du monde

Laisser faire ou faire ?

JACQUES B. GÉLINAS

Pour bien circonscrire son sujet, Jacques B. Gélinas établit dès le départ une nette distinction entre la mondialisation, phénomène ancien d'expansion planétaire, et la globalisation, réalité nouvelle – et le nom, et la chose – qu'il définit comme « la gouverne du monde par de puissants intérêts économiques transnationaux, lesquels tendent à englober dans un marché dérégulé et déréglé toutes les ressources de la planète, toutes les activités humaines et toutes les cultures ».

Le but de l'auteur est d'expliquer non seulement la globalisation de l'économie, mais le monde globalisé. Il désigne et décrit les maîtres et les contremaîtres, les idéologues et les figurants de ce faux « village global ». Il dénonce les effets pervers de la globalisation : la dégradation de l'environnement, le creusement des inégalités, la destruction des communautés et le pourrissement de la démocratie. Au-delà de cet affligeant bilan, il explore les contours d'un modèle alternatif.

ISBN 2-921561-44-1
(tous pays sauf France)
340 pages
24,95 $

La simplicité volontaire, plus que jamais...

SERGE MONGEAU

« Quand je pense aux conséquences négatives de la société d'abondance, je pense à la vie de tous les jours, à la santé, au travail, à l'amour, à la communauté, au bonheur, tout cela qui ne s'achète pas ou, quand on croit pouvoir l'acheter, coûte finalement trop cher, car on doit sacrifier le meilleur de sa vie à gagner de quoi le payer.

« Pour ma part, il y a longtemps que j'ai découvert que "le système" – la société de consommation dans laquelle je vis – nous enferme, individuellement et collectivement, dans une cage qui nous laisse de moins en moins de choix véritables et de vraie liberté. Que les barreaux de la cage soient dorés ne change rien à la réalité profonde de l'aliénation de ses prisonniers. »

« [...] il nous donne des outils de réflexion et des moyens déjà éprouvés pour créer une véritable alternative à l'univers d'exclusion dans lequel la majorité d'entre nous est forcée de vivre. » (Élaine Audet, *L'aut'journal*)

ISBN 2-921561-39-5
272 pages
21,95$

Guerre et mondialisation

La vérité derrière le 11 septembre

MICHEL CHOSSUDOVSKY

Dans ce livre-choc, Michel Chossudovsky remet en question la thèse répétée par les médias que les attaques du 11 septembre sont la conséquence de « lacunes » des services de renseignements américains. À partir d'une recherche méticuleuse, l'auteur décrit les enjeux politiques derrière le 11 septembre et dévoile non seulement le camouflage mais également la complicité de hauts responsables au sein de l'administration Bush.

D'après l'auteur, la « guerre contre le terrorisme » n'est qu'un mensonge reposant sur l'illusion véhiculée auprès de l'opinion publique, qu'un seul homme, Oussama ben Laden, a réussi à déjouer l'appareil des services secrets américains.

Le 11 septembre s'est avéré le moment attendu par l'administration Bush, la « crise utile », qui lui fournissait le prétexte non seulement pour mener une « guerre sans frontières » mais également pour suspendre les libertés fondamentales et les droits constitutionnels.

ISBN 2-921561-77-8
256 pages
17,00$

Les dessous de la politique de l'Oncle Sam

NOAM CHOMSKY

Noam Chomsky nous introduit dans les coulisses du gouvernement américain, où se trament chaque jour de véritables machinations destinées à asseoir l'impérialisme américain.

Partout en Amérique latine, les Américains s'affairent minutieusement à écraser toute velléité populaire de constituer des mouvements de travailleurs fondés sur la solidarité. Seuls sont encouragés et entretenus les gouvernements qui répondent adéquatement aux intérêts économiques états-uniens.

Mais le gouvernement de Washington ne peut réussir à poursuivre cette politique étrangère qu'en dupant sa propre population. Il le fait avec la complicité des médias, par l'usage systématique d'un double langage.

ISBN 2-921561-28-X
136 pages
11,95$

Le pouvoir mis à nu

NOAM CHOMSKY

De nombreux documents et témoignages révèlent que les États-Unis agissent de façon à détruire la démocratie et à miner les droits de la personne, et ce, avec une certaine cohérence, les prétextes invoqués variant d'une époque à l'autre selon les nécessités doctrinales du moment.

Noam Chomsky a basé cet ouvrage sur les notes d'une série de conférences données en Australie. Toujours d'actualité, l'analyse présentée illustre brillamment, grâce à de nombreux exemples, la véritable nature et l'étendue du pouvoir impérial américain. Elle a aussi le mérite d'offrir un tour d'horizon de la pensée du célèbre linguiste, puisqu'on y trouve un passage où celui-ci nous expose ses idéaux politiques, ainsi que deux chapitres à teneur plus philosophique où il nous entretient de ses vues sur la nature, l'esprit et le langage.

ISBN 2-921561-61-1
400 pages
30,00$

Entre nous

Rebâtir nos communautés

MARCIA NOZICK

Pour remettre la communauté à l'ordre du jour, ce livre intègre les cinq thèmes majeurs qui caractérisent une communauté viable : l'autosuffisance économique, l'équilibre écologique, la mainmise de la communauté sur ses ressources, la satisfaction des besoins de chacun et l'édification d'une culture communautaire. L'auteure identifie également des réalisations communautaires concrètes partout en Amérique du Nord.

« *Entre nous* est un livre orienté vers l'action. Non pas qu'il soit exempt de références et de réflexions, mais son originalité lui vient surtout des multiples mentions de projets, d'actions de citoyens ordinaires, de manifestations de solidarité communautaire qui en forment le cœur... » (Robert Saletti, *Le Devoir*)

ISBN 2-921561-04-2
264 pages
24,95 $

Notre empreinte écologique

Comment réduire les conséquences de l'activité humaine sur la Terre

MATHIS WACKERNAGEL ET WILLIAM REES

Créer une conscience populaire, tel est le but ultime de ce livre qui nous offre un outil de planification pour mesurer le poids réel sur la Terre de l'entreprise humaine, poids auquel les auteurs ont donné le nom d'« empreinte écologique ». Cet outil permet de relever l'enjeu le plus important de notre époque : trouver le moyen de faire vivre tous les êtres humains adéquatement et équitablement, quel que soit le lieu sur Terre où ils vivent.

Des notions bien définies, des méthodes de calcul clairement expliquées, une foule d'applications pratiques, des exemples variés, voilà ce que chacun trouvera dans cet ouvrage pour éclairer ses choix et apprendre à bien vivre tout en réduisant sa propre empreinte.

ISBN 2-921561-43-3
216 pages
24,95 $

L'imposture néolibérale

Marché, liberté et justice sociale

J.-CLAUDE ST-ONGE

Depuis le tournant de 1975, à part la pauvreté et le chômage galopants, seuls les profits fracassent tous les records. L'« horreur économique » porte un nom : le néolibéralisme. Productivité, profit, concurrence, retrait de l'État, déficit zéro, libre-échange, dictature du marché : telle est la nouvelle religion. La solidarité et la justice sociale sont des vieilleries conceptuelles bonnes à figurer dans un musée.

Dans un ouvrage loin du jargon des spécialistes, J.-Claude St-Onge démonte un à un les dogmes qui entourent cette doctrine selon laquelle la justice se résume à la possession et pour qui la liberté est le privilège d'une minorité toujours plus puissante. L'auteur y décrit ses origines, ses principaux penseurs, ses institutions, démontrant que loin d'être une nouvelle solution aux problèmes d'aujourd'hui, le néolibéralisme récupère à son compte bien des siècles d'histoire.

ISBN 2-921561-50-6
202 pages
16,95 $

La stratégie de l'autruche

Post-mondialisation, management et rationalité économique

OMAR AKTOUF

Lorsque 3 milliards d'individus « vivent » avec moins de 3 $ par jour, que 225 milliardaires possèdent l'équivalent de l'avoir de 2 milliards de personnes, que 51 sociétés figurent parmi les 100 premières « économies » du monde, que l'économie mondiale est à 90 % spéculative, que la masse financière circulant quotidiennement représente 10 fois la valeur des réserves cumulées de toutes les banques centrales du monde, est-on encore loin du non-sens absolu ?

Des voix s'élèvent contre le trop grand nombre d'erreurs commises dans la conduite des affaires économiques mondiales. Peut-on parler de simples erreurs de calcul et de prévision ? Certes non. Il s'agit de fautes, de fautes économiques et gestionnaires graves, qui touchent à la conception même de notre monde et de son fonctionnement. Est-ce là chose réparable par d'autres calculs et prévisions, en utilisant les mêmes prémisses et les mêmes schémas d'analyse ?

ISBN 2-921561-67-0
376 pages
30,00 $

Les gros raflent la mise

À qui profitent les fonds publics à l'heure de la mondialisation

STEVEN GORELICK

La phénoménale croissance des entreprises transnationales dans une économie de plus en plus mondialisée n'est pas le fruit d'un processus inévitable. Il s'agit plutôt d'un phénomène social, historique, qui résulte notamment de choix politiques faits au nom de la population par les gouvernements. Cette course à l'expansion infinie est généreusement financée par l'État: les élites sont convaincues que tout ce qui est gros et grand s'avère bon marché, efficace, meilleur et profitable pour tous. Et si ce n'était pas le cas?

Steven Gorelick expose ici à qui et à quoi profitent les fonds publics à l'heure de la mondialisation. Sans une kyrielle de subventions directes et indirectes dans les domaines de l'énergie, des transports, des communications et de l'éducation, les transnationales ne seraient pas devenues ce qu'elles sont. Les citoyens soutiennent donc, sans nécessairement le savoir, les forces responsables de l'érosion des communautés et de l'environnement.

ISBN 2-921561-64-6
213 pages
18,00 $

Moi, ma santé

De la dépendance à l'autonomie

SERGE MONGEAU

Vivre en santé, n'est-ce pas ce que nous souhaitons tous? Pourtant, ce n'est qu'au moment où elle nous quitte que, généralement, nous commençons à nous préoccuper de notre santé; nous courons alors chez le médecin ou chez un autre thérapeute dans l'espoir qu'ils nous la rendront au plus tôt. Cette étrange façon de procéder n'est vraiment pas la meilleure, nous dit Serge Mongeau.

L'auteur a pratiqué la médecine. Il a beaucoup réfléchi sur la santé et en a développé une conception originale. Pour lui, la santé repose sur des actions quotidiennes simples, qui visent à renforcer ce qu'il appelle les «piliers de la santé »; il s'agit d'actions à la fois personnelles et sociales, puisqu'il faudrait modifier profondément nos façons de vivre pour nous épanouir pleinement. C'est tout cela qu'il développe ici.

ISBN 2-921561-20-4
182 pages
16,95 $

Nos diffuseurs

EN AMÉRIQUE

Diffusion Dimédia inc.
539, boulevard Lebeau
Saint-Laurent (Québec) H4N 1S2
Téléphone : (514) 336-3941
Télécopieur : (514) 331-3916
Courriel : general@dimedia.qc.ca

EN FRANCE et EN BELGIQUE

D.G. Diffusion
Rue Max Planck, B.P. 734
31683 Labège Cedex
Téléphone : 05 61 00 09 99
Télécopieur : 05 61 00 23 12
Courriel : dg@dgdiffusion.com

EN SUISSE

Diffusion Fahrenheit 451
Rue du Valentin 11
1400 Yverdon-les-Bains
Téléphone et télécopieur : 024 420 10 05
Courriel : librairie@fahrenheit451.ch

Faites circuler nos livres.

Discutez-en avec d'autres personnes.

Inscrivez-vous à notre Club du livre.

Si vous avez des commentaires, faites-les-nous parvenir ; il nous fera plaisir de les communiquer aux auteurs et à notre comité de rédaction.

Les Éditions Écosociété
C.P. 32052, comptoir Saint-André
Montréal (Québec) H2L 4Y5

Courriel : info@ecosociete.org
Toile : www.ecosociete.org

Achevé d'imprimer en juillet 2005 par les travailleurs et les travailleuses de l'imprimerie Gauvin, Gatineau (Québec), sur papier certifié Éco Logo contenant 100 % de fibres post-consommation.

Nom : ______________________________

Adresse : ______________________________

____

Code postal : ______________________________

AFFRANCHIR
SUFFISAMMENT

Les Éditions Écosociété
C.P. 32052, csp Saint-André
Montréal (Québec) H2L 4Y5